# 美好青春期 愉悅更年期

認識女性荷爾蒙的變化與機轉，
掌握身心平衡的關鍵！

永田京子・著　曹茹蘋・譯

# 前言

這是一本為了讓青春期的女兒和更年期的母親，雙方的身心都能保持愉快舒適所寫的書。

冒昧請教各位一個問題，你對青春期和更年期有什麼樣的印象呢？

說起青春期，一般大概都會想到肌膚Q彈、初戀、青春♡、每天過得開開心心，還有著無限閃耀的未來吧。

也因為如此，人們常說年輕孩子正處於「動不動就發笑的年紀」。

相反的，更年期則被稱為是**「動不動就煩躁的年紀」**。

說起更年期，從潮熱到煩躁、憂鬱、肩頸僵硬、腰痛，總之就是一堆不適症狀！甚至有不少人對更年期抱持著負面印象。

乍看之下，青春期和更年期似乎是完全相反的存在。

但其實這兩者之間有著許多共通點！

比方說，體內的荷爾蒙會產生巨大變動！由於身體在這兩個階段都會產生急劇的變化，因此有可能會因心情調適不及而感到困惑或是煩躁。不僅如此，這兩者也都是容易在學校、家庭、社會等環境面產生巨大變化的時期。

因此，**當母親的更年期和女兒（孩子）的青春期重疊，便會深陷親子間衝突不斷的地獄之中……！這樣的家庭其實不在少數。**

坦白說，就連我也有過因正值更年期的母親和正值青春期的自己經常劇烈衝突，最後憤而離家出走的經驗。

抱歉這麼晚才跟大家自我介紹！

我叫永田京子，是從事更年期支援的團體「ちぇぶら」的負責人，也是一名更年期全方位照護講師。

由於我過去曾以體適能老師的身分幫助育兒中的女性找回健康，再加上我的母親曾因更年期障礙引發憂鬱症狀，於是促使我決定致力於這項活動。

「ちぇぶら」這個名稱，取自正面看待更年期的英文**「the change of life」**。我們的活動宗旨是讓大眾明白更年期並非危機，並藉由傳授伴隨女性一生的荷爾蒙變化相關知識，以及能有效舒緩身心不適的照護方法和對策，使其成為展開新人生的大好機會。

**青春期和更年期同樣都會左右我們今後的人生！**其重要性之大，即便這麼說也一點都不為過。

在這個容易不安、受傷、陷入危機的時期，只要母女雙方正確了解發生在自己身上的變化，並且採取適當的照護方式和對策，就能將其轉變成令人生飛躍提升、全家人都幸福快樂的良機。

好了，就讓我們親子同心協力，展開讓只有一次的人生變得更加開心豐富的旅程吧！

# 目次

前言 3

## 第1章 我們的身體與女性荷爾蒙

坐上女性荷爾蒙滑水道，瀏覽我們的一生！ 12
Baby ● 0~10years 孩子的身心 13
Youth ● 11~18years 青春期的身心 16
Adult ● 18~35years 性成熟期（前半）的身心 18
Pregnant 懷孕期~生產後的身心 19
每月的身心，PMS的真面目 22
Adult ● 35~45years 性成熟期（更年期前期）的身心 24
Menopause ● 45~55years 更年期的身心 26
Senior ● 55~65years 黃金期的身心 30
停經值得慶祝！試著將焦點放在好處上吧！ 31
Senior ● 65years~ 老年期的身心 33
女性荷爾蒙的功用 36
女性荷爾蒙的壞處 38

性荷爾蒙的分泌機制 41
成功征服荷爾蒙海浪的三大祕密 42

## 第2章 青春期 女兒的身心

寫給想知道女兒在想什麼的大人 48
青春期的心理
・特徵1 才以為想試著自立，結果又突然開始撒嬌 51
・特徵2 開始尋找新的自己 53
・特徵3 開始愛跟他人比較 55
・特徵4 開始會嫌「爸爸好臭」 57
・特徵5 朋友比父母更重要！ 58
・特徵6 情竇初開，也對性產生好奇 60
「SOGIE」戀愛與性的各種形式 62
「生理性別」 63
初潮的時期因人而異 65
和孩子一起做好準備！ 66
各種生理用品！ 68
緩解經痛的體操 70

月經停止怎麼辦？ 71
絕對不行！青春期的減肥 71
該怎麼做？孩子的子宮頸癌疫苗 73
這種時候該怎麼辦？孩子的叛逆期經驗談！ 74
大吵一架後孩子離家出走。保持距離，之後再談 77
這樣沒問題嗎？不叛逆的孩子們 79

## 第3章 更年期 母親的身心

change of life！ 84
有無更年期障礙者的差異 85
不出聲就等於沒有 90
不會後悔！「更年期」上婦產科就診的訣竅 92
如何尋找具「更年期」專業的婦產科 93
有了更安心。就診前的準備 96
了解更年期的治療方法 98
生活習慣才是最有效的藥 100
更年期必定有結束的一天 102
了解男性的更年期障礙 104

## 第4章 如何順利度過青春期vs更年期


更年期憂鬱與憂鬱症的差異 105
女性也必看！讓男性荷爾蒙成為盟友的三大妙招！ 106
放下女性、男性的偏見 109
為自己與身邊親友考量的人生事業規劃 111
與你自己的相處之道 118
調節身心的「ちぇぶら體操」 120
調節自律神經，幫助「放鬆」的呼吸法 122
肩頸僵硬、頭痛的緩解法 123
調節自律神經，拿出「幹勁」的體操 124
調節心靈的三種呼吸法 126
調節自律神經的十個方法 127
按壓穴道的身體保健法 132
調節荷爾蒙平衡的穴道 133
提振精神的穴道 134
調節自律神經失調的穴道 135
親子都需要的重要營養素及其理由 136

第5章

## 從更年期開始改變人生！「change of life」

功用和女性荷爾蒙・雌激素類似的食品　138
調節「心靈」的方法　140
將壓力和煩躁轉換成「打造健康」　144
人生的方向盤由自己掌控　148
孩子離家獨立與我的人生　150
克服中年危機的方法　151
獲得持續探究「生存意義」的力量！　154
從生存意義思考生涯職業　159
獲得讓自己幸福的力量　161
後記　164

# 第1章

# 我們的身體與女性荷爾蒙

## 坐上女性荷爾蒙滑水道，瀏覽我們的一生！

十多歲、二十多歲、三十多歲、四十多歲、五十多歲……我們的身體會隨著成長不停地產生變化，而與這個變化密切相關的是「性荷爾蒙」。

首先，就讓我們坐上「女性荷爾蒙滑水道」，簡單明瞭地瀏覽性荷爾蒙與我們的一生吧！

準備好了嗎？

過程中，做母親的也許會懷念起至今走過的道路，又或者客觀地看待現在的「我」。敬請懷著興奮期待的心情，迎接女兒接下來即將產生的變化！

那麼，我們就坐上女性荷爾蒙滑水道，出發囉！

※本書所提到的女性荷爾蒙主要是指雌激素。為了讓讀者能切身感受到身體的變化，於是以大家所熟悉的「女性荷爾蒙」來表示。

♥是雌激素的變動程度。變動程度愈大，對我們身心造成的影響就愈大。

0-10 years Baby

## 孩子的身心

幼兒期、青春期、性成熟期、更年期、老年期，人的一生共分為這五個時期。

首先從幼兒期開始看吧。

自胚胎形成那一刻起，我們的生命會在母親肚子裡孕育約十個月之久。

然後終於誕生！

喀咚喀咚！

女性荷爾蒙滑水道開始啟動了。

無可取代、只有一次的人生就此展開！

一開始並不會分泌性荷爾蒙，一路沿著平坦的場所

### 幼兒期

● 不受性荷爾蒙的影響，男女除了外生殖器沒有其他差異

前進。從出生到大約十歲左右並不會受到性荷爾蒙的影響，男女除了外生殖器沒有其他差異。

新生兒不會自己吃飯，不會說話，甚至不會翻身，唯一會做的就只有哭泣。人無法獨自生存，必須有家人及周遭許多人的支援幫助，才能夠慢慢長大。

等到會說話、會走路了，便開始具備和朋友溝通交流的能力。

小小的身體中，蘊藏著巨大的能量和可能性！這真的很驚人對吧！

這個也不要！那個也不要！

簡直變成小怪獸的第一次叛逆期，也就是俗稱的「不要不要期」。這個階段的我們有時會讓大人傷透腦筋，有時則會生病發高燒，讓父母擔心得不得了。

噹～噹～噹～噹♪

上小學之後，我們會找到讀書的方法以及發現學習

## 第一次叛逆期＝不要不要期

●大約到十歲左右都不會受性荷爾蒙影響

## 小知識 女性卵子的變化

女性一出生，卵巢中就已經擁有多達兩百萬個原始濾泡！也就是說，女性從出生那一刻起，就已經具備一生份的「卵子原形」了。

「卵子原形」並不會每個月都成為一顆卵子被排出，而是會像啵啵啵地破掉消失的肥皂泡泡一樣，一個月減少約莫一千個。無論有無排卵、月經都會不斷減少，初潮時約有二十至三十萬個，35歲左右時會變成只有出生時的（約兩百萬個）1～2%，也就是只剩下兩到三萬個原始濾泡，到了停經時數量則會趨近於零。

（參考：日本厚生勞動省「你知道嗎？男性的身體、女性的身體～擁有健康充實人生所必備的基礎知識～」 https://www.mhlw.go.jp/seisakunitsuite/bunya/kodomo/kodomo_kosodate/boshi-hoken/dl/gyousei-01-01.pdf）

的樂趣。

你是不是也學會如何愛惜自己、愛惜別人，以及對他人體貼了呢？

咦？你問我怎麼明明坐上了女性荷爾蒙滑水道，卻沒有出現像是滑水道的變化？

呵呵呵，敬請期待接下來的發展。

那麼，我們就往下個階段邁進吧！

11-18 years Youth

## 青春期的身心

喀咚……。

突然間，女性荷爾蒙滑水道的走向變成往上了。

鏗鏗鏗鏗鏗！

要開始往上爬坡了！女性荷爾蒙急速上升！

沒錯，到了十多歲的年紀之後，我們的身體就會開始製造女性荷爾蒙，**迎來急劇轉變成大人的第二性徵期。這也就是所謂的「青春期」。**

隨著女性荷爾蒙不斷增加，雖然時間上會有個人差異，不過大致會在十二歲左右迎來初次的經期「初潮」。在這個時期，我們的外表也會漸漸產生很大的改變。除了身高、體重會急速上升，在身形方面，也會出現胸部隆起、臀部變大、長出腋毛和陰毛等變化，身體會持續升級

青春期
●開始有月經
●身高、體重增加
●胸部、臀部等身形產生變化
●長出腋毛和陰毛，轉變成大人的身體

成大人的版本。

話雖如此，每個人的生長速度還是有著非常大的差異（參考：身高體重生長曲線百分位https://www.mext.go.jp/component/b_menu/other/__icsFiles/afieldfile/2013/03/29/1331750_4.pdf）。比方說「一直長不高」、「身材比別人來得壯碩，感覺好丟臉」、「不喜歡胸部變得好大好顯眼」、「好擔心胸部平得像洗衣板」等等，有時我們還會和周遭的朋友比較，並且因為自己和別人不同而感到不安。但是，不用著急沒關係，無論外型如何，那都是我們每個人最獨特美好的個性！

還有，和朋友相處久了，也會漸漸產生人際關係方面的煩惱。另外，像是因情竇初開而小鹿亂撞！因開始產生性慾而躁動不已！也會有這樣的情況產生。

另一方面，這也是我們會開始思考「自己是誰？」，以及察覺到自己與周遭其他人的價值觀差異，被稱為「自我萌芽」的時期。

不僅如此，由於受到女性荷爾蒙分泌不穩定的影響，我們經常會為了小事情感受到壓力，並且變得容易受傷、沮喪、煩躁，情緒就好比坐雲霄飛車一樣，起伏相當大。

因此，會有「爸媽好煩人！真是的～不要來管我啦」的想法也是可以理解的。

接著，我們要一步一步踏上通往大人的階梯囉！

18-35 years Adult

## 性成熟期（前半）的身心

喀咚！咻～～～！

好了，接下來穩定的「性成熟期」要開始了！女性荷爾蒙滑水道將在視野良好的高處暢快疾馳。

十八歲過後，原本分泌不穩定的女性荷爾蒙會穩定下來，身心皆會從青春期的不穩定感中獲得解放。在荷爾蒙的大量分泌之下，子宮和卵巢都會準備就緒，從此正式成為一名成熟的女性！

因為這時不僅年輕，體力又好，所以稍微揮霍一下青春也無妨♪

無論是遊玩、戀愛還是學習，都能活力充沛地去嘗試各式各樣的挑戰，是人生中最閃閃發亮的時期。你都如何度過自己的青春歲月呢？

性成熟期
● 女性荷爾蒙的分泌穩定，充滿能量
● 懷孕、生產的準備就緒

另一方面，這也是面對考試、就業、獨自生活、出社會等巨大環境變化的時期。

一旦女性荷爾蒙的分泌因壓力過大、生活作息紊亂、過度減肥而失調，身心就有可能產生不適，甚至導致月經不來。儘管有句話說年輕就是本錢，但飲食、睡眠和運動還是非常重要。要記住，現在的生活是在為你未來的身心健康打基礎喔！

另外，這也是最多人遇到人生伴侶，經歷懷孕、生產的時期！

Pregnant

## 懷孕期～生產後的身心

喀鏗……！到底發生什麼事了!?

女性荷爾蒙滑水道突然往正上方急速爬升，彷彿要直奔月球一般！

滑水道不斷往上升，來到至今從未體驗過的高度。

沒錯，這就是懷孕。

女性懷孕之後，為了保護寶寶和母親的身體，負責供應養分給寶寶的胎盤會分泌出為平時一千倍之多的女性荷爾蒙。

這也難怪女性在懷孕期間，皮膚和頭髮會變得如此有光澤了。

至今不曾體驗過的劇烈荷爾蒙變化會讓身體嚇一跳，使得有些人產生非～常難受的害喜症狀。另外，隨著肚子愈來愈大，這個時期也會感覺自己的身體變得不是自己的了。

咻———！奇～～怪～～！

女性荷爾蒙滑水道突然像自由落體一樣，倒栽蔥地急速下降！

這就是生產！

其實女性在生完寶寶之後會再經歷一次陣痛，讓之前分泌出大量女性荷爾蒙、名為胎盤的「器官」，從子宮內壁剝落下來並排出體外。生產時除了寶寶外，身體也會將胎盤一併分娩出來。這麼一來，**生產前原本高達一千倍的女性荷爾蒙就會一口氣下降至幾乎為零。**

之後，卵巢功能據說要花上三個月至半年才能恢復成原本的狀態。

## 懷孕期

- 荷爾蒙分泌量為平時的一千倍
- 頭髮、皮膚變得光澤有彈性
- 因荷爾蒙的平衡出現變化而害喜

因此生產後的約莫一個月，請無論如何都要以休養身體為優先。由於生出寶寶、失去胎盤這個內臟之後，身體會持續出血（惡露）大約一個月，所以絕對不能等閒視之。這是好比遭遇嚴重交通事故的衝擊。為了安心讓身體復原，請積極接受伴侶、父母，或是育兒支援幫手等公家服務及周遭其他人的協助！

生產後，女性會變得容易掉淚、心情煩躁，或是因為突如其來的不安感而呼吸困難。在身體方面，則可能會為了肩頸僵硬、關節疼痛、腱鞘炎、身體和臉部水腫、便祕、大量落髮等各式各樣的不適症狀而煩惱。這些不適症狀產生的主因之一，就是女性荷爾蒙的急速減少。

## 每月的身心，PMS的真面目

大浪、小浪，搖搖晃晃、起起伏伏……。

坐上女性荷爾蒙滑水道的我們，就像是在衝浪一樣，巧妙地乘浪前行。

接著就以月為單位，來看看我們身體的女性荷爾蒙是如何變化的吧！
其實，女性荷爾蒙在一個月之中也會有大幅度的變動。

女性荷爾蒙分為雌激素和黃體素這兩種。

雌激素是讓我們保持年輕美麗的荷爾蒙。能讓我們心情開朗、皮膚有光澤、強化骨骼和血管，並且調節自律神經的功能。只要雌激素的分泌量足夠，不僅會讓心情愉悅，整個人也會幹勁十足！

另一方面，黃體素則可以增厚子宮內膜，準備好鬆軟的床以迎接寶寶的到來。我們之

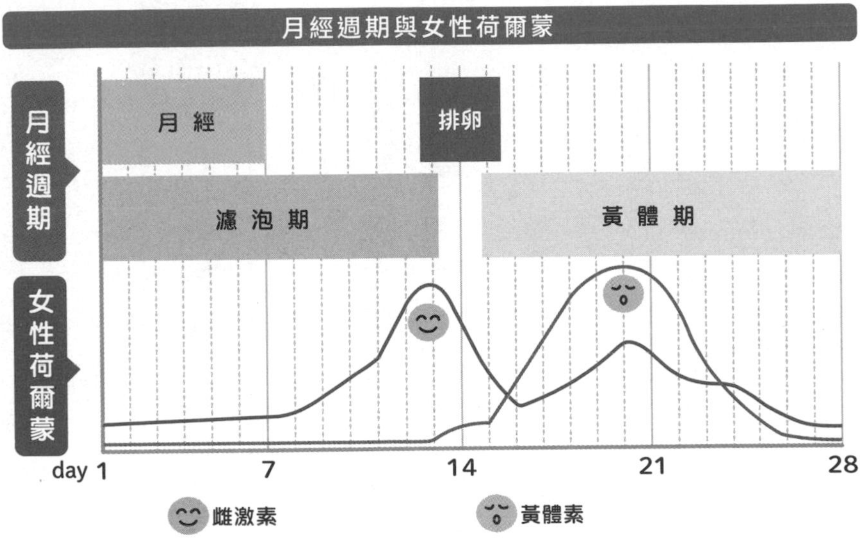


所以會體溫升高、容易水腫、情緒不穩定、容易沮喪，都是這個黃體素造成的。

而這些症狀都是身體在提醒我們不要太勉強，好為了懷孕做準備。

以月經來潮的那天作為第一天，月經開始之後，身體會持續不斷地分泌出雌激素。接著到了排卵時，身體會改成大量分泌為懷孕做準備的黃體素。一旦知道身體沒有懷孕，雌激素和黃體素便會大幅下降。

**當性荷爾蒙的分泌下降時，我們會感到煩躁、憂鬱，變得難以控制自己的情緒，身體也變得容易水腫。**而這便是所謂的PMS**（經前症候群）**症狀。

然後月經又再次來潮。因此，我們女性在一個月之中，也無時無刻都隨著女性荷爾蒙的變動在生活。

35-45 years Adult

## 性成熟期（更年期前期）的身心

咻～～～～！

女性荷爾蒙滑水道在視野良好的高處暢快疾馳♪

……才剛這麼想，居然就已經在不知不覺間緩緩下降了！

說到這裡，總覺得最近好疲倦，體力也變差，而且似乎也比以前容易發胖……。

你是不是也有這種感覺呢？

這種莫名的不適感，莫非就是所謂原因不明的全身不舒服!?

穩定的性成熟期來到後半段之後，隨著卵巢功能逐漸下降，女性荷爾蒙的分泌也會開始減少。因此，**三十歲後半到四十歲前半的這個時期又稱為「更年期前**

期」。

過去覺得熬夜、過度飲食、作息不規律沒什麼，可是現在一旦過著和二十多歲時相同的生活，之後產生的傷害將會大到令人錯愕不已。不僅要好一段時間才能恢復，照鏡子時臉上的皺紋和白髮也令人在意，「年老」二字開始不時在腦海中浮現。

從四十多歲開始，女性罹患生活習慣病和乳癌的風險也會大幅提升，因此請務必定期進行篩檢和健檢喔。

好了，女性荷爾蒙滑水道接下來究竟會變得如何呢？

咚咚咚咚咚……。

性成熟期
(更年期前期)
● 女性荷爾蒙的分泌減少
● 出現容易疲倦、體力變差等身體上的不適

45-55 years Menopause

## 更年期的身心

喀鏗……！

……！

鏗鏗鏗鏗鏗鏗鏗鏗——！

原本在視野良好的地方奔馳的女性荷爾蒙滑水道，接下來將好比從陡峭坡道滾落一般急速下降。

終於要進入更年期了！

哎呀～～感覺超緊張的。

**由於女性荷爾蒙突然銳減的關係，因此女性的身心都會顯現出各種症狀。**說得簡單一點，就是肌膚會急速失去彈性和潤澤感，頭上的白髮也會開始變得更多更明顯。這是一個容易出現自律神經失調症狀、頭痛、失眠、潮熱，甚至連精神方面也容易感到煩躁、憂鬱的時期。

**更年期的荷爾蒙變化因為和青春期類似，**

所以又被稱為「第二次青春期」或「思秋期」。

不僅如此，在環境方面，這時也會面臨到孩子要考試或離家獨立等重大事件，又或者需要為照護生病的父母而煩憂。另外，像是在工作中升遷到需要背負責任的職位等等，巨大的環境變化通常也會在這個時期同時到來。

明明一個就夠讓人覺得辛苦了，要是好幾個變化一起發生……

這下只能夠舉雙手投降了！超負荷！拜託饒了我吧——！應該有人會這麼尖叫吧。

更年期是指停經的前後十年。至於停經的定義，則是從最後一次經期開始，持續沒有月經達一年（十二個月）的狀態。

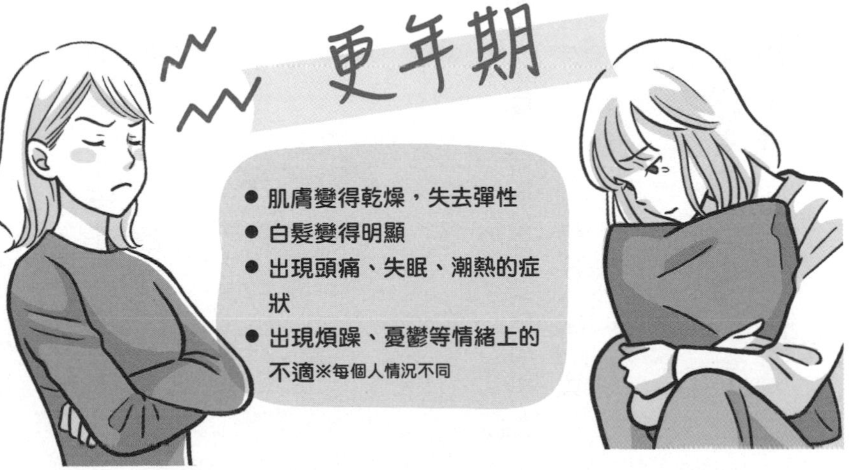
更年期
● 肌膚變得乾燥，失去彈性
● 白髮變得明顯
● 出現頭痛、失眠、潮熱的症狀
● 出現煩躁、憂鬱等情緒上的不適※每個人情況不同

由於日本的平均停經年齡為五十歲過後，因此大約從四十五歲到五十五歲的這段期間才會稱為「更年期」。

話雖如此，和每個人開始初潮的時期大不相同一樣，停經的時期也有著非常大的個人差異。有的人是在四十歲中段停經，也有的人即使過了六十歲依然有月經。

然後，無論是誰一旦過了更年期，體內的女性荷爾蒙都會幾乎變成「零」。

零……零!?

正是如此。

這裡說個題外話，其實男性也會從名為腎上腺的組織中分泌出一定數量的女性荷爾蒙，所以到了六十歲時，會出現男性體內的女性荷爾蒙量比女性來得多，這種性荷爾蒙的逆轉現象。

以前，我在講座上提到這件事時，有位坐在前方的觀眾一邊大大地點頭，一邊說**「老師！最近我祖父變得好像老奶奶，祖母變得好像老爺爺，就是因為這個原因對吧！」**。

雖然即使停經了一樣還是女人，不過如果只看荷爾蒙的變動，那麼這個逆轉的想法**未必有誤！**

好了，在經歷動盪的更年期之後，我們究竟會變得如何呢？

那麼，我們就繼續瀏覽更年期之後的身體吧！

55-65 years Senior

## 黃金期的身心

咻~~~~。

奇怪?

滑落女性荷爾蒙滑水道之後,在眼前開展的竟是一片舒適且幹勁十足的爽快世界。而且令人驚奇的是,感覺無論是身體還是心靈都充滿了能量!

沒錯,**過了更年期之後,女性的身心會突然變得能量爆棚。**

你是不是也有見過活力充沛、生氣勃勃的六十多歲長者呢?

這是因為女性在更年期過後,會從每月不穩定的女

### 黃金期

- 女性荷爾蒙的分泌幾乎為零
- 男性荷爾蒙占優勢
- 從荷爾蒙平衡的海浪中獲得解放,身體狀態變得穩定

性荷爾蒙中獲得解脫。

還不只如此。

其實，女性體內也有名為睪固酮的男性荷爾蒙，而**當女性荷爾蒙降至零之後，男性荷爾蒙就會開始占優勢**。男性荷爾蒙因為具有讓人心情保持開朗、變得有活力、發揮領導力的作用，所以又被稱為「社交荷爾蒙」。

都是托這種荷爾蒙的福，讓我們的身心都充滿能量！

因此，在更年期過後的十年，大約從五十五歲到六十五歲的這段期間又名為「黃金期」。

這是一段無論身心都閃閃發亮的時期。

我們居然會在成為銀髮族之前先變成「黃金」呢！

## 停經值得慶祝！試著將焦點放在好處上吧！

說起「停經」，感覺接收到的都是一些很負面的資訊，不過其實並沒有那麼嚴重！

**停經會為女性帶來非常大的好處。**

因為每個月不再有月經，旅行和工作的計畫也比較好規劃，就連行李的重量都跟著變輕了。而且也不必擔心經血外漏的問題，可以盡情地打扮自己。

每月經期的麻煩、煩躁、憂鬱、失眠、倦怠……等等的經前症候群（PMS）、經痛煩惱，從此都能徹底擺脫！

這些事情不是相當值得慶祝嗎？

除此之外，有子宮肌瘤的人在停經之後，肌瘤會慢慢自己變小，不需要額外進行手術。還有，也能夠從懷孕的風險中獲得解放。當然，懷孕生產是人生中非常美好的事情，不過對女性的身體而言卻是攸關性命的大工程，更不用說年紀大了之後，生產經常都會伴隨著巨大的風險。

所以說，我們不妨可以把更年期和停經，想成是為了繼續生存下去所必須經歷的重要「進化時刻」。

日本有一項習俗是會在女性初潮來臨時，煮紅豆飯來表達祝福之意，不過停經同樣也值得我們用一頓美味的套餐料理好好慶祝。

65 years Senior

## 老年期的身心

咻～～～～。

接下來，女性荷爾蒙滑水道將不會再有上下起伏。

正式進入到荷爾蒙變化穩定的老年期。

現在有愈來愈多人的外表，年輕到和「老年期」這個詞一點都不搭呢。所以說，根本沒必要像以前那樣，認為「老太太就該有老太太的樣子」。老年期是讓往後人生變得更加豐富多彩的時期。

無論是活用過往的經驗去幫助這個社會，還是把時間用來做自己想做的事情都好。

這個時候，有一件非～～常重要的事情。

那就是自己「積極地」增進健康。

## 老年期

- 荷爾蒙的變化變得穩定
- 日本女性的平均壽命為87.74歲※1

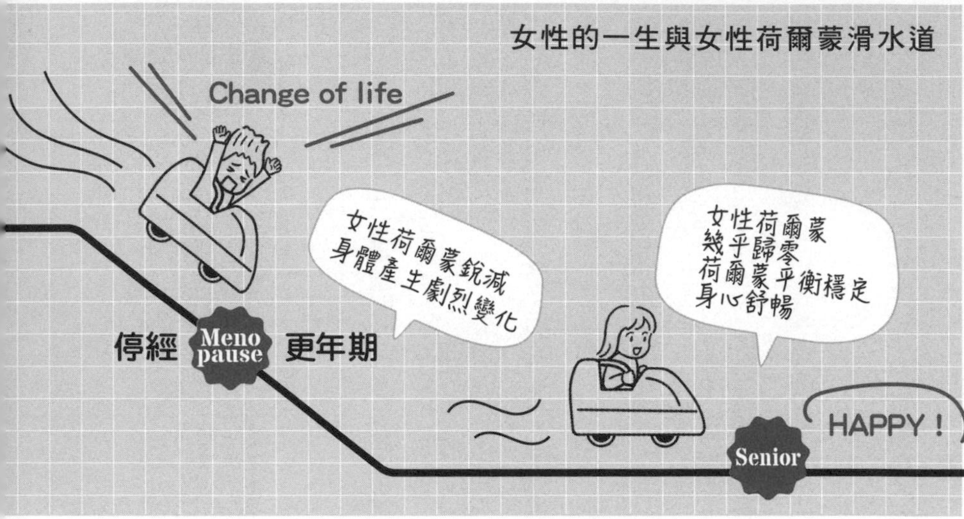


日本女性的平均壽命為八七・七四歲[1]，如此長壽的壽命受到全世界矚目。這是一件很值得驕傲的事情呢！

可是另一方面，不需臥床、能夠自立生活的「健康壽命」和「平均壽命」之間，卻差了約莫十二年[2]。

這也就是說，日本女性有長達七分之一的人生，都是在不自由的狀態下度過。

這、這麼久!? 太令人震驚了！

至於會臥床不起的原因，其中有兩成[3]是因為肌力不足。

都難得活這麼久了，當然會想要過得舒適自在呀。再說，見到身邊平時對自己照顧有加的人們無論到了幾歲，都還是精神飽滿、活力充沛，實在教人再開心不過了。所以，我才會希望各位要盡可能增進健康、維持肌力。

※ 1　厚生勞動省「令和2年簡易生命表」
※ 2　厚生勞動省第16回健康日本21（第二次）推進專門委員會（針對健康壽命的令和元年值）
※ 3　厚生勞動省「平成28年度版國民生活基礎調查」

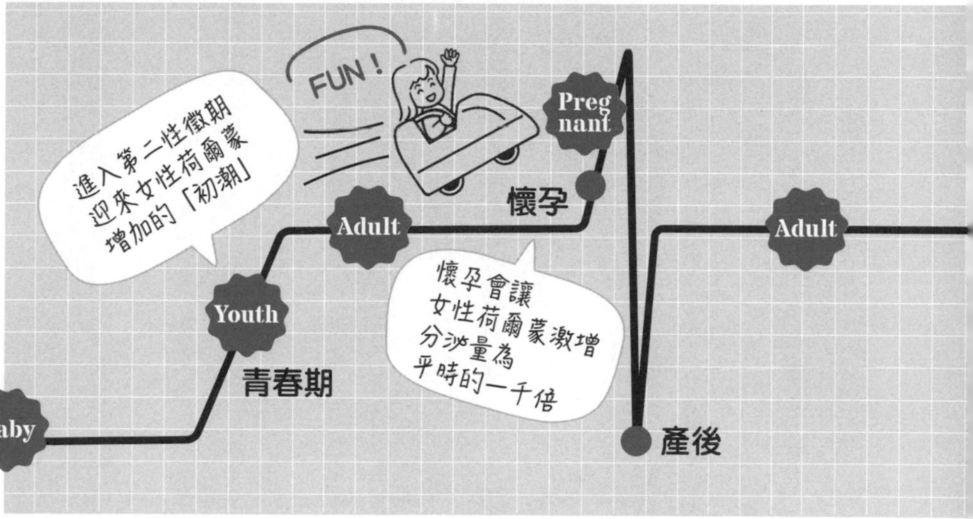


為此，我們要從「現在」這個瞬間開始，好好地珍惜自己的身體。不要以為那些離自己還很遙遠，也不要遲遲不透過運動和飲食來打造健康的身體。從現在起，就讓自己有充足的睡眠、調整生活習慣，並且定期做健康檢查。

無論是為了別人還是自己，只要讓身心保持舒暢，就能繼續挑戰各式各樣的事物。

這便是你能夠自由自在地，將只有一次的人生活得閃閃發光的祕密。

好了，各位覺得女性荷爾蒙滑水道之旅如何呢？

有高、有低，非常緊張刺激對不對？

那麼接下來，就來詳細看看會對我們身心帶來巨大影響的女性荷爾蒙吧！

## 女性荷爾蒙的功用

說起女性荷爾蒙（雌激素），我想各位應該都在健康教育的課堂上，學過「有著幫助打造出女性化身形的功能」這一點。

可是，事實上不只如此。女性荷爾蒙還能幫助我們維持全身肌膚的彈性和潤澤感。我們人不是只有臉蛋才需要彈性和潤澤。

當你在超市將買來的東西裝袋時，假使看到塑膠袋旁邊的濕布，赫然驚覺「這個難道是用來讓人順利打開塑膠袋的!?」，或許就表示你的女性荷爾蒙即將開始低下了（笑）。

另外，女性荷爾蒙也有讓眼睛、鼻腔、喉嚨、陰道等黏膜保持濕潤的作用。

這是我母親剛開始出現更年期症狀時的事情。

我母親在四十八歲時，因覺得眼睛很乾而去眼科看診，結果醫生開了藥丸給她吃。但她正想吃藥時，藥丸卻卡在喉嚨裡遲遲吞不下去。

於是，這次她又去了耳鼻喉科。

「醫生，藥丸卡在我的喉嚨裡，吞不下去。」

「這樣啊。這樣的話……我開這個藥丸給你。」

結果到最後，我母親要吃的藥丸又多了一種。

這番對話儘管聽起來像是在搞笑，卻是實際發生過的事。

其實，那是由於性荷爾蒙低下，使得症狀顯現在黏膜上的狀態。當時我母親應該去看的科別不是眼科或耳鼻喉科，而是婦產科。

順帶一提，像我母親這樣接連更換醫院、看病拿藥的行為叫做「逛醫生」，是經常發生在現代更年期女性身上的行為。因此若是具備正確知識，就能節省時間和金錢了！

那麼，我們就來看看女性荷爾蒙的其他功用。

像是生髮、維持頭髮的烏亮和粗度，預防骨骼流失以維持骨骼含量，維持記憶、認知等腦部功能，強健血管、預防動脈硬化。

還不止這些！

這個女性荷爾蒙又名「快樂荷爾蒙」，能夠讓我們的心情保持愉悅開朗。另外，還有穩定自律神經，以及讓全身保持年輕的抗氧化作用。

女性荷爾蒙真是太厲害了！

## 女性荷爾蒙的好處

若是從這些正面的好處來看，真的會讓人想要盡情地沐浴在女性荷爾蒙之中呢！但是，世上凡事都有好壞兩面。

光線愈是強烈，產生出來的陰影就愈深。

## 女性荷爾蒙的壞處

女性荷爾蒙能夠守護我們的美麗與健康，在我們體內扮演著非常重要的角色。可是，女性荷爾蒙一旦分泌過多，就會產生以下這些壞處。

只要女性荷爾蒙持續分泌，子宮肌瘤患者身上的腫瘤就會變得愈來愈大。子宮內膜異位症也會受到女性荷爾蒙的影響不斷惡化。

除此之外，像是乳癌、子宮體癌等等，罹患這些會因受到女性荷爾蒙影響而形成的癌

## 女性荷爾蒙的壞處

症機率也會上升。

至於為PMS（經前症候群）所苦的人，只要每月持續經歷女性荷爾蒙海浪的起伏，就會容易受到經前水腫、自律神經失調、煩躁、憂鬱、肌膚問題等不適症狀的困擾。

另外，好發在女性身上、單側頭部陣陣刺痛的偏頭痛，據說也跟女性荷爾蒙有關，因此有非常多人在停經之後便不再有偏頭痛的症狀了。

由此可見，女性荷爾蒙雖然肩負守護我們的美麗與健康的重要職責，不過一旦分泌過多，也會引發有可能奪走我們性命的疾病。

## 其實更年期　並非所謂的老化　而是種進化

之前我們在ちぇぶら曾經舉辦名為「成熟女子川柳」，以五、七、五川柳（日文詩詞的其中一種，按照5音節、7音節、5音節的順序排列。）來表現更年期「常有之事」的徵稿活動，結果收到了上述的川柳。

女性荷爾蒙的分泌量雖然會從更年期開始陡然下降，但這個現象，其實是為了讓我們往後繼續生存下去而必須經歷的一種進化。

假使更年期之後女性荷爾蒙還是持續分泌、沒有下降，那麼剛才提到的壞處就會更加容易顯現。

一想到這裡，就會覺得我們的身體機制真的很聰明呢！

**居然能在剛剛好的時候分泌女性荷爾蒙，在剛剛好的時候讓女性荷爾蒙下降。**

**我們真是太厲害了！**

## 性荷爾蒙的分泌機制

我們的女性荷爾蒙主要是由卵巢進行分泌。

體內的女性荷爾蒙一旦減少，名為大腦下視丘的部位就會發出「請分泌女性荷爾蒙」的指令。

這個下視丘是我們身體的「老大」。相當於公司裡面的老闆。

指令一出，身為部下的卵巢就會開始分泌女性荷爾蒙，然後卵巢會向身為老闆的下視丘回報「我已經分泌出女性荷爾蒙了」。

可是，在青春期和更年期這種女性荷爾蒙變動劇烈的時期，情況又是如何呢？

青春期的卵巢還只是菜鳥部下，因為不習慣工作，所以狀況很不穩定。

更年期的老鳥部下的卵巢功能則是持續下降，即便想工作，也心有餘而力不足。

女性荷爾蒙如果分泌得不順利，老闆自然就會收不到報告。

傷腦筋！

該怎樣才能讓部下好好工作呢？

想不出辦法的老闆，於是對部下發出更多的指令。

下視丘：「女性荷爾蒙那件事情況如何？

我怎麼都沒有收到報告？

有聽見嗎？喂喂喂！」

在這種情況下，身為老闆的下視丘會發出「請分泌性荷爾蒙」的指示，使得促性腺素釋素過度分泌。可是，青春期和更年期的女性荷爾蒙並不會按照指令乖乖地分泌。

於是老闆陷入恐慌，最後甚至引發自律神經失調。

沒錯，**當女性荷爾蒙增減時，不只會產生荷爾蒙失調的症狀，也會伴隨產生自律神經失調的症狀。**

## 成功征服荷爾蒙海浪的三大祕密

我在開始從事支援更年期的NPOちぇぶら的活動時，為了讓大眾能夠徹底了解更年期，曾站在街頭實施問卷調查。

當時，人們對於更年期還有許多的迷思和誤解。收集調查問卷雖然辛苦，不過多虧有許多人的協助，讓我成功收集到多達一〇一四名女性的心聲。

在問卷中，

「自從我開始活動身體之後，身體狀況就感覺變好了。」

「當時要是有這方面的知識，或許就能更輕鬆地度過。」

「若是能夠得到伴侶的理解，心裡想必會好過許多。」

出現了這樣的心聲。

另一方面也有這樣的聲音。

「那應該只是心態的問題吧？」

「要是承認自己有更年期就輸了。」

「更年期？太閒的人才會有那種東西啦！」

原來如此，每個人的想法都不盡相同。

不過這也很正常。

因為更年期是發生在身體裡面的變化，從外觀上完全看不出來。

正因如此，我才認為「了解」是非常重要的一件事。

而且重點是除了本人之外，周遭其他人也要一起慢慢地去了解。要不然，得不到別人理解的感覺實在太難受了。

既然如此，那就來製造機會，讓一起工作的同事、一起生活的人、周遭的人都能了解吧！於是，change of life的「ちぇぶら計畫」就這樣展開了。

不僅如此，實施問卷調查還讓我得到另外一個大收穫。

那就是，得知能夠成功征服荷爾蒙海浪、成為職業衝浪手的三個祕密。

祕密如下！

### ❶ 正確地了解

如果能夠正確了解自己的身體即將發生什麼事並做好心理準備，那麼即使面對相同的變化，度過更年期的方式、看法和內心的從容感也會大不相同。

在身處變化和不適的漩渦中時，可能會忍不住心想「我變成這種體質了嗎？」、「是因為年紀的關係嗎？」、「我大概要下輩子才能閃閃發亮了吧……」，但是只要有了相關知識，就能以「不用擔心，這些不適症狀遲早會結束」的正面心態去面對。

### ❷ 全力照顧身體

目前已知，活動身體、在飲食和睡眠上下功夫，能夠改善身體和精神方面的不適。被不適症狀耍得團團轉雖然辛苦，但是只要想到「有我自己能夠做到的事情」就會變得自信許多。

不如把性荷爾蒙大幅變動的時期，當成找到適合自己的自我保養方式的好時機吧！

### ❸ 周遭的理解與溝通

在緊急時刻找醫療機構或專家商量非常重要，不過除此之外，平時若是有可以放心聊聊的人，或是有周遭其他人的理解，心情上就會獲得很大的救贖。

無論是青春期還是更年期，像是親子、伴侶，還有朋友、一起工作的同事等等，有周遭其他人陪伴自己一起理解身體的變化，是非常重要的。

我以這三點為主軸，開發出支援女性健康的課程。

結果，消息很快就在女性們的口耳相傳之下傳播開來，讓我有幸受到支援女性活躍的頂尖企業、自治團體、醫療機構的邀請進行演講，至今共有超過三萬五千名女性參與過這個講座。

另外，這些**成為性荷爾蒙衝浪高手的方法，不只是更年期，也能有效緩解青春期、經前、產後等因女性荷爾蒙劇烈變化所引起的女性特有不適！**

因此從下一章開始，我將會針對該如何面對青春期和更年期的身心，慢慢深入地進行解說。

從今天起，你也能成為女性荷爾蒙的衝浪高手！

# 第2章

# 青春期　女兒的身心

# 寫給想知道女兒在想什麼的大人

「我家小孩進入叛逆期，都不肯好好跟我說話，真教人傷腦筋。」

「我懂～～要和青春期的孩子相處真的很難呢。」

每當我舉辦講座或演講，總會聽到這樣的對話。

小時候一邊喊著「媽媽、媽媽」一邊追過來的孩子，是那麼地率真又可愛。

明明一起度過了有時甚至讓人覺得很煩的親密時光，然而一進入青春期，孩子就不太想跟自己說話，還會「煩死了！老太婆！」這樣不客氣地反抗，不然就是整天離不開手機，每天都要在鏡子前面弄頭髮弄三十分鐘以上……。

「到底發生什麼事了？」

「我家小孩要不要緊啊？」

有不少家長都對孩子急劇的變化感到困惑。

青春期是無論男女任誰都會經歷的、一段為了成為大人而產生巨大改變的時期。

沒錯，我們自己在十幾歲時也一定經歷過。

請試著回想一下，你的青春期是什麼樣子呢？

我在念國中的時候有了喜歡的人。

我對和我上同一所補習班的男孩子一見鍾情，於是便基於「想跟他上同所高中」的不純動機努力讀書，憑著愛情的力量跟他上了同一所高中。

在學校，我因非常在意別人的目光，故每天過著整天都在摸瀏海，不允許有任何一根頭髮亂翹的日子。

「什麼校規的，管他去死！那些老愛拿大道理來說教的大人都是敵人！」我曾經氣憤地這麼心想。話雖如此，我還是沒有勇氣去嚴重違反校規，而是以修眉毛、將制服裙子改短到接近違規邊緣的長度、把頭髮染到有可能被老師罵的程度等方式，試著做出小小的叛逆。

我也經常因跟朋友在一起很開心而遲歸，並且開始覺得父母「很煩人！」。我在家裡總是心情煩躁，導致和母親的衝突次數增加，最後終於在大吵一架之後離家出走。後來，我還為了找尋「真正的自己」，和朋友兩人一起踏上搭便車之旅。

……

啊啊啊，好難堪……真是太難堪了！

如此荒唐的「青春期」簡直讓我無地自容。

可以吐槽的地方多到都教人目不忍睹了……。

看在從旁守護的父母眼裡，他們的心情不曉得有多忐忑不安……。

儘管我的青春期給父母添了許多麻煩，荒唐到簡直慘不忍睹，但是我感受過許多事物，並且以自己的方式去思考、進而有所成長也是事實。我之所以會成為現在這樣的大人，無疑都是因為經歷過那段亂七八糟的青春期。

每個人都曾經歷過青春期。

一旦回想起當時的自己，應該也會覺得當時周遭朋友有哪裡「怪怪的」。

不需要因孩子正值青春期而過度操心。

也不需要一直逼迫自己，搞到產生「事事都不順心！」的念頭。

因為育兒本來就沒有所謂的「正確」或「不正確」。

話雖如此，我們大人還是必須事先了解青春期的身心變化、特徵及注意事項。因此，就讓我們一起透過本章的內容，來了解身心如雲霄飛車般產生劇烈變化的青春期吧。

本書雖然是將對象設定為女兒，不過其中有許多內容也適用於男孩子的青春期。請各位務必閱讀參考看看。

## 青春期的心理

**特徵1　才以為想試著自立，結果又突然開始撒嬌**

「功課寫了嗎？」聽到父母這麼問，

「我本來正打算要寫，可是聽到媽你這麼問就不想寫了。」

當時正值青春期的我，做出了這樣的回答。

然而，要是父母完全不過問，我又會悶悶不樂地心想「你們對我的事情一點都不感興趣！」……

怎麼會這麼麻煩啊！

如今我自己也當了媽媽，當聽到孩子對我說同樣一句話之後，我完全可以理解當時父母的心情了（笑）。呵呵呵……。

這個時期的孩子，常會像「煩死了！不要管我啦！」如此沒來由地心情不好，可是下個瞬間，又會「媽，我今天參加社團跑步跑得好累，你幫我按摩腿好不好～～」這樣對媽媽撒嬌。

**沒有錯，青春期就是這麼「奇怪」。**

是「不要那麼雞婆！」和「不要丟下我不管」同時存在的年紀。

也是**遊走在大人與小孩之間的狀態。**

青春期時「想要自立」的心情非常強烈，可是在現實層面上，卻沒有能夠自立的生活能力和經濟能力。不僅如此，就連精神層面也沒有成熟到可以自立。

因為不曉得該如何表現自己想要自立的心情，於是就突然對身邊的大人大罵「臭老太婆！」以示反抗，甚至是一時衝動就衝出家門。

可是由於心智還在成長階段，因此即便離家出走，還是會懷著不安的心情等待家人來接自己回家，或是在外面遊蕩兩到三個小時就自己返回家中。

見到孩子叛逆的行為，做父母的當然也會覺得火大，可是不管怎麼說，對方畢竟正值「青春期」。

若是正面承受孩子的壞情緒，只會讓自己氣到昏倒。

「隨便你想怎麼樣！媽媽我不管你了！」

「既然你這麼說，那就給我滾出去！」

請不要說這種氣話，先好好地深~呼吸。

為了讓孩子隨時都能撲向自己的懷抱，請告訴孩子「當你需要時，我隨時都會幫助你」，然後在原地靜靜等待就好。

假使孩子說「煩死了！」，那就「是是是～～」地敷衍過去，然後一邊在心裡面碎念「來了來了來了～～♡終於邁出成為大人的一步了！」，一邊從容以對吧。

## 青春期的心理

### 特徵2 開始尋找新的自己

什麼叫做自己？

我到底是誰？

各位在青春期時，是否也曾悶悶不樂地思考過這些問題呢？

這個叫做「自我萌芽」，為了「要如何度過自己的人生？」而煩惱，以及產生「想依自己想法去行動」的念頭，是一個人邁向自立的重要過程。

在此之前，孩子從未懷疑過自己的父母、周遭大人的言論和價值觀。

但是到了青春期，孩子開始會產生「真的是那樣嗎？」的疑問，並且變得能夠以客觀的角度去思考、判斷。

換句話說，就是「我不會再對大人言聽計從了！」。

青春期的孩子心思非常細膩又笨拙，簡直麻煩得要死！

不過，我們做父母的其實也都走過那條路啦。

## 為那樣的孩子準備一條「退路」吧

讀國中時，我曾經偷懶缺席社團活動。理由我已經忘了，好像是因為想跟好朋友一起回家，或是有想看的電視節目之類的，總之，當時我突然有了「為什麼非得每天參加社團活動不可？」的念頭。

隔天，被叫到教職員辦公室的我老實說出缺席的理由，結果社團老師大為光火。我跟老師道歉之後，老師生氣地說「你以為道歉就行了嗎？」於是害怕的我便哭了起來，結果老師又大罵「你不要以為哭就沒事了！」後來，我不知所措地沉默下來，結果老師說「你一點反省的意思都沒有！」還賞了我一巴掌。

……。

你到底要我怎樣啊！（話說回來，有必要那麼生氣嗎!?）

堵住退路、辯倒對方的「駁斥」，是要像饒舌對決一樣在娛樂節目中做的事情，絕對不可以在家裡、學校、職場等日常生活中使用。

即便用大道理成功辯倒對方了，最後究竟能夠得到什麼？只會在對方的心裡留下「疙瘩」而已。

人只要活著，就有可能做出錯事。

而且重點是，既然孩子都已經開口道歉了，周遭的大人就別再一直嘮叨個不停。不要像聯想遊戲一樣翻過去的舊帳，故意讓怒氣愈來愈高漲。

否則，孩子就會決定什麼都不說，或是刻意撒謊。

就像「咦？你又要為了參加阿嬤的喪禮而請假？這已經是第五次了耶？」一樣……。

只要把該說的話說完，之後就叮嚀一句「下次要注意喔」，別再追究吧。

切換很重要。否則無論對被念或念人的那一方都會造成壓力。

## 青春期的心理

### 特徵3 開始愛跟他人比較

一早就在鏡子前用吹風機吹整頭髮二十分鐘。裙子的長度剛剛好是膝上一公分。

不允許有一根頭髮亂翹，裙子也不能有一絲歪斜。
嘴巴上的唇蜜絕對不能乾掉。每到下課時間都要重塗一遍，保持閃亮水嫩！
國中、高中時期的我，每天都過著這樣的日子。

「喂，又沒有人那麼仔細地在看你！」

雖然讓人很想這麼吐槽，不過這就是青春期的特徵之一。
身體急速發育的青春期，會對外表非常地在意。
「別人是怎麼看我、怎麼想我的呢？」
總是在意得不得了，處於超級自我意識過剩的狀態。

而且，還會拿自己跟周遭其他人比較。
好像只有我的毛髮比較濃密；我的腳比那個誰誰誰還大，好討厭；某人有那個東西，可是我卻沒有；感覺大家都在看我，在背後說我壞話！
即便聽到別人說「你會不會太在意其他人了？」，還是會不由得耿耿於懷。有時甚至會做出不必要的想像，讓自己感到不安。
周遭的人和大人請不妨時常向孩子傳達：「你原本的樣子就很棒了喔！」的訊息。

# 青春期的心理

## 特徵4 開始會嫌「爸爸好臭」

「爸爸臭到讓人不敢相信」

各位女性在青春期時，是不是曾經有過這種想法呢？

不僅如此，還會排斥用爸爸泡過的熱水泡澡！

爸爸的內褲和自己的內褲居然是用同一台洗衣機洗的，真是太噁心了——！生理上無法接受～！

這些都是孩子正在成長的證明，不需要擔心。**另外請放心，產生變化的不是爸爸的體味，而是青春期女兒的身體。**因為青春期是女性荷爾蒙也就是雌激素增加，生殖功能發育形成的時期。

人類為了留下子孫，需要有強大的基因。為此，找到和自己相異的基因是必要的。為了讓種族延續，人類會發揮身為生命體的本能，無論如何都要避免和與自己相近的基因結合。

據說包括我們人類在內，動物能夠憑著嗅聞名為費洛蒙的氣味，來分辨是否能夠留下強大的基因，而分辨那種氣味的能力會在青春期時格外發達。由於和自己擁有相同基因父親的氣味，對青春期的女兒來說是無論如何都必須避開的，所以才會感覺父親身上有著生理上無法接受的強烈異味。

因此，青春期的孩子會覺得爸爸臭到好噁心這一點，其實是千真萬確！所以說，就算聽到孩子說「爸爸好臭」，也不需要覺得打擊好大，因為這**證明了孩子正在健康地成長呢！**

## 青春期的心理

### 特徵5 朋友比父母更重要！

國、高中時期，我因為覺得被父母碎碎念很煩，不想見到他們，所以每天一回到家，就會連聲招呼也不打，直接回去自己的房間！

從前的我就是過著這樣的生活。

可能是因為我幾乎都不跟父母說話，也不提在學校過得如何，讓媽媽很擔心吧。再加上，這個社會只要孩子出了什麼問題，全世界都會責怪「都是做母親的不好」，所以常常讓媽媽覺得備感壓力。

於是，我母親會趁我不在時偷看我的日記，或是打電話到我朋友家問東問西。

那本日記裡，不只有寫當天發生的事情，也記錄了我的心事和對心上人的愛慕之情。畢竟正值自我意識過剩的青春期，那種事情一旦被父母知道，真的會讓人很想大喊「拜託饒了我吧～～！」。

於是，雙方便上演了一場「絕對不想讓父母知道！」和「我一定要掌握孩子的事情！因為我是她媽媽」的角力。呵呵呵……。

小時候，孩子明明那麼喜歡跟自己黏在一起，如今卻處處嫌我煩、嫌我囉嗦！

身為父母，真的覺得好落寞啊～～！但是，這其實也是邁向自立的過程。

另一方面，就好比無法對父母開口的煩惱只願意對朋友傾訴一樣，和朋友之間的距離變得親近也是青春期的一項特徵。孩子會一邊憑藉友情和朋友互相扶持，一邊安心地脫離父母的羽翼。

無論對父母，還是對孩子而言，青春期都是準備慢慢放手的時期。

不過就算知道這一點還是會擔心。

雖然會擔心，而且看在父母眼裡孩子永遠都只是個孩子，但是孩子畢竟已經是半個大人了。

所以最好的辦法就是不過度干涉，只要向孩子傳達「要是有什麼事，我隨時可以幫你喔」的心意，然後靜靜地在一旁守護就好。

## 青春期的心理

### 特徵6 情竇初開，也對性產生好奇

你的初戀發生在什麼時候？那是一場什麼樣的戀愛呢？

因有了喜歡的人而小鹿亂撞，可是卻無法好好表達心意，只能彆扭地欺負自己喜歡的人。不過應該也有人是在兩情相悅下「交到男朋友」吧。

唉~~父母又多一件事情需要擔心了。

**女孩子開始有了月經，就表示身體已經可以懷孕了。**青春期會對性產生好奇是非常自然的事情，不過孕育新生命這件事伴隨著相當大的責任。

現代人可以透過網路，輕易地獲得性方面的資訊，而且即便不想看，也會接觸到過度刺激的性相關資訊。為了保護自己的身心，同時也為了對方好，確實擁有正確的「性」知識非常重要。

話雖如此，要跟連平常都不太說話的青春期孩子聊性話題，難度實在太高了！

這種時候，有個方法就是借助書本或值得信賴的網站力量。

## 脫離！直升機父母

因為「擔心孩子忘東忘西！」，而由父母代替孩子為上學做準備或寫功課；擔心「要是我家小孩交到壞朋友怎麼辦？」，而跑去觀察孩子玩遊戲或約會的情況。

像這樣對必須自立的孩子持續過度關心、干預的父母，在美國被稱為「直升機父母」。他們就像在頭頂上盤旋的直升機一樣緊跟在自己的孩子身旁，一旦發現可能對孩子造成傷害的事物或困難，就會立刻介入！更嚴重一點，有的父母甚至會在孩子長大成人之後，連找工作面試都跟著一起去。

在過去，人們曾有一段時間認為這種行為是出自「父母對孩子的愛」，予以正面的評價。可是最近的研究發現，過度保護會剝奪孩子成功的機會，進而造成孩子的自尊心低落等問題。

青春期是一段父母和孩子都準備要脫離彼此的時期。做父母的請不要把全副心力都放在孩子身上，試著好好享受自己的人生。找到自己想做的事情和嗜好，以及除了孩子外能夠滿足、充實自己的方法吧。

## 「SOGIE」戀愛與性的各種形式

「女孩子就該淑女一點！」

「男孩子不可以哭！」

NoNoNo！這種想法太落伍了。

所謂「女人該有的樣子」和「男人該有的樣子」並非人類與生俱來，而是社會和文化所創造出來的框架。如今已是一個重視每個人獨特性的時代。

性是有多樣性的。戀愛和性別同樣有著各種形式。

儘管有許多人碰巧身為女人，碰巧喜歡異性，然而其中也有一些人為了自己天生的「生理性別」，和自己所感受到的性別不同而困惑。

各位應該都有遇過左撇子的人吧？像是喜歡同性的人等等，據說被稱為性少數族群（LGBTQ+）的人占了總人口的5～8％，數量和左撇子的人一樣。這也就表示，一個班級裡面會有一到兩人是屬於這樣的族群，所以這並不是什麼特別的事情。

我在念高中的時候，班上有一個非常喜歡可愛小東西，而且字寫得很漂亮的男生。他的舉止和笑的方式都很像女孩子，總能毫不突兀地融入女孩子的團體中。雖然班上同學常會嘲笑他是人妖，可他在我心中卻是一個非常投緣、很要好的朋友。

性的形式沒有所謂是非對錯。

所以做父母的不需要煩惱「我家小孩好像不太正常」或是「抱歉我沒能把你生成正常人」。

只要能夠成為一個「好人」，這樣不就好了嗎？

無論你我還是任何人，大家在性方面都有著各式各樣的面貌。

就讓我們來看看有哪些性別元素吧。

## 「生理性別」

所謂生理性別，是指出生時有男性性器官就是「男生」，有女性性器官就是「女生」。

就如同本書中所提到的，女孩子到了青春期雌激素會上升、月經來潮，而這指的完全是「生理性別（Sex）」。

・「性取向（Sexual Orientation）」

喜歡男人、喜歡女人，又或者是喜歡對方這個人，與性別無關。另外，也有人對自己以外的人不會產生特殊情感。

・「性別認同（Gender Identity）」

意指認為自己是男人、女人，或是除此之外。

・「性別表現（Gender Expression）」

例如髮型或穿著等等。想以男人的外表活著、想以女人的外表活著，抑或選擇不受任何拘束的生存方式。

也就是決定要讓自己呈現出何種「形象、氣質」。

這幾個名詞的開頭英文字母組合起來，就叫做SOGIE。SOGIE是所有人都有的性別元素，而這些元素並非恆久不變，有可能會在生命過程中慢慢轉變。這些元素結合起來，就決定了我們所呈現出來的性別樣貌～～。

沒有誰正常、誰不正常這種事情。若是每個人都能大大方方地珍惜「自己原本的樣子」，周遭的人也予以尊重，這樣不是更棒嗎？

## 初潮的時期因人而異

「我家孩子的初潮會不會來得太早了啊？」

「身邊的朋友早就已經迎來初潮了，可是我家小孩卻還沒開始……」

無論早來晚來都令人擔心，但其實初潮的年齡有著很大的個人差異。根據各式各樣的調查結果顯示，多數人都是在十到十四歲迎來初潮，不過也有人早在八歲就來，也有人到了十六歲還沒有來。

如果到了十五歲還是沒有初潮，那麼就會建議去醫院就診。可以至婦產科或有開設青春期門診的醫院諮詢。

我自己是因為到了國中三年級還沒有來月經，於是便被擔心的母親帶去看了人生第一次的婦產科。結果醫生說「如果一年後還是沒有來初潮，到時再來醫院看診吧～～」而在那之後，我的月經就順利到來了。

診療時，醫生會進行問診、內診、超音波檢查，並且視情況進行血液檢查。

當時還是國中生的我因為太害怕內診，所以一直拖拖拉拉地不想去醫院，不過如果是真的無法接受內診的人，聽說在某些情況下即使不內診也可以進行診療。

假使身上隱藏著什麼疾病就糟了，所以如果覺得不放心，還是鼓起勇氣去就醫比較好。

## 和孩子一起做好準備！

每個人在經前和月經期間的不適感有著很大的差異，但如果能夠事先告知可能會產生何種症狀，就能減輕孩子心中的不安。

・需要告知女兒的事項

①經前的荷爾蒙變化，可能會讓人感到煩躁、精神狀態變得不穩定。
②經痛不需要忍耐。可以服藥或至醫院找專業人員商量。
③突然出血時的應對方式。
④調整身體狀況的保養方式、對策。

為了讓孩子能和接下來要陪伴自己許久的「月經」和平共處，我們就盡可能地給予她支援吧。

另外，最近的生理用品並非只有衛生棉和衛生棉條。

隨著技術的進步，如今已經出現各式各樣讓女性在月經期間也能舒適度日的生理用品了。

其中也有對身為母親的我們很方便的產品。

就讓我們一起更新知識如何？

## 月亮杯

將矽膠材質的杯子置入陰道內，接收經血。可煮沸消毒後重覆使用。月經期間也能自在地運動，或是泡溫泉、游泳。

## 生理褲

褲子本身可以吸收經血等，讓人在月經期間也能舒適又自在。另外也建議搭配衛生棉或衛生棉條一起使用。使用之後，要先用清水充分搓洗，再用以清水稀釋過的貼身衣物清潔劑或過碳酸鈉浸泡，然後裝入洗衣袋中用洗衣機清洗。對於不知月經何時會來的青春期、月經週期混亂的更年期，以及擔心漏尿的時候，這項可以重複使用的產品十分便利。

## 小包包
## 小手帕

事先把裝生理用品的小包包、小手帕也準備好會更安心！現在市面上有販賣許多可愛又方便的商品。為了預防在學校或才藝班時月經突然來潮，可以事先放進書包裡，這樣來的時候就不需要擔心了。

協力：UNICHARM株式會社、Gunze株式會社

# 各種生理用品！

## 衛生棉

衛生棉是從以前開始就為人使用，堪稱最主流的生理用品。使用時，要將衛生棉黏貼在內褲的底褲部分，並且每二至三小時就到廁所更換。丟棄時，要用外側的包裝紙將衛生棉捲起固定，然後丟入垃圾桶。除了黏貼方式外，也請教導孩子丟棄時的正確做法。

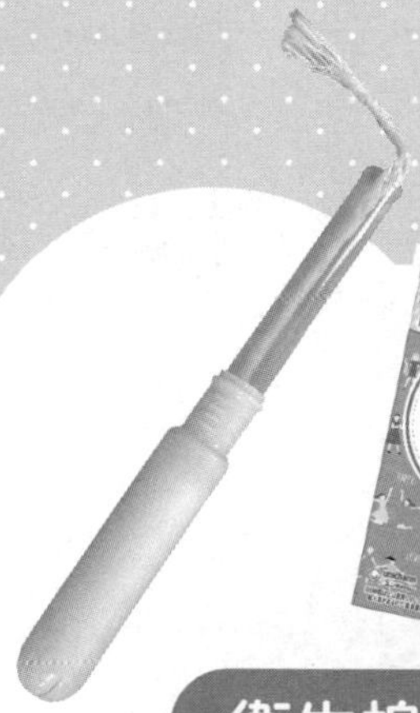

## 衛生棉條

形狀像棒子一樣，因為是置入陰道內的無感區使用，所以不會有不舒服的感覺。由於經血不會外漏，即便是經期也能泡溫泉和游泳。衛生棉條最多使用八小時就要換新。

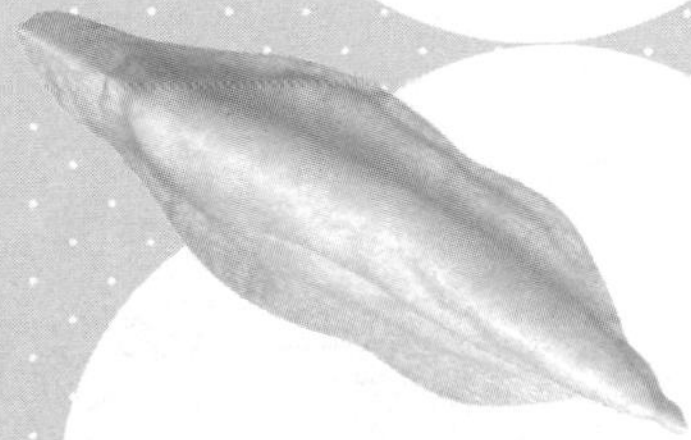

蘇菲

## 可沖式護墊

這款商品是「夾」在陰道處使用的生理用品，像是第二天等經血量多時，需要搭配衛生棉或生理褲一起使用。因為可以丟入馬桶沖掉，所以不會製造垃圾，讓垃圾桶堆到滿出來！而且外出時，也不會再因用完的衛生棉沒地方丟，還得含淚收進包包裡帶回家了！

## 緩解經痛的體操

經前和月經期間，身體狀況有可能會變得不穩定。

只要和孩子共享自我保養的方式就不用擔心囉！

①在仰躺的姿勢下，將兩條腿拉向腹部。一邊慢慢地吐氣，一邊數十秒。

②立起兩腿膝蓋，讓膝蓋輪流倒向左右兩側。反覆五到十次。

讓骨盆四周的血液循環變好，可以有效舒緩月經的疼痛。

## 月經停止怎麼辦？

初潮來臨後的幾年內，月經週期和經血量不規律是很正常的事情。不需要過度擔心。

可是，比方說精神壓力、過度減肥造成體重下降、激烈的運動習慣等等，若是帶給身體或心靈太大的負擔，女性荷爾蒙就會分泌不順，進而導致月經不來。

這種時候，絕對不能置之不管。

月經一旦停止不來，不只是將來有可能無法懷孕，也有可能會年紀輕輕就罹患骨頭變得脆弱的骨質疏鬆症，提高骨折的機率。女性荷爾蒙一旦分泌失調，非常有可能會危害到將來的健康。

請不要有「沒有月經很輕鬆，沒關係啦」的想法，假使月經超過三個月沒來，建議找學校的保健老師商量，或是到婦產科、青春期門診就醫。

## 絕對不行！青春期的減肥

人的一生之中，最需要營養的時候就是青春期。

青春期是性荷爾蒙增加，身體生長發育非常重要的時期，因此「十多歲時吸收的營養會奠定人生的基礎」這句話一點也不為過。

可是，青春期也是會過度在意外表的年紀。其中，有的人還會受到網路或電視上那些過瘦的模特兒影響，一味地「追求纖細」。可是，在必須好好讓身體生長發育的這個時期，模仿模特兒的飲食方式，採取「只吃優格！」這種偏食做法是非常危險的。青春期的營養不足，會對大腦和身體的生長發育，甚至是將來的健康造成影響。

「瘦＝漂亮」並不正確。

「如果想要變漂亮，最好的辦法不是採取控制飲食這種激烈的減肥手段，而是讓身體好不容易開始分泌的性荷爾蒙成為盟友♪」請各位這麼告訴孩子。雌激素能夠帶給肌膚彈性和光澤、讓頭髮柔順，而且還有讓腰圍變細的效果。

假使無論如何都想減肥，請等到身體已經發育到一定程度的十八歲以後再開始。首先一定要先打造出強健的身體。在青春期時好好吃飯、攝取營養，並且搭配適度的運動及睡眠，這才是變美的最佳捷徑。

## 該怎麼做？孩子的子宮頸癌疫苗

顧名思義，子宮頸癌就是子宮入口處名為子宮頸的部分產生了癌細胞。在日本每年約有一萬名女性發病，且每年都會奪走近三千人的性命。

罹患子宮頸癌的原因幾乎都是人類乳突病毒（HPV），而這種病毒是經由性行為感染的。據說有八成女性一生都會感染到一次HPV，不過即便受到感染，也幾乎都能靠自身的免疫力自然痊癒。

可是，其中還是有致癌性很強的病毒，假使長期感染該病毒或細胞產生異常，有可能會在幾年或十年後變成惡性，最後癌症病發。

我們所能採取的預防方法有兩種。

一是在有性經驗之前的十到十四歲左右接種「子宮頸癌（HPV）疫苗」。目前在日本，有提供小學六年級至高中一年級的女性免費（公費）施打HPV疫苗。

其次是從二十歲開始，定期前往婦產科進行篩檢。

WHO（世界衛生組織）和日本婦產科科學會都建議採取這兩種方式。

說起HPV疫苗，之前有一陣子，日本媒體曾大肆報導施打後會產生身體疼痛、倦怠感等副作用。

「我家的孩子會不會也……」

一想到這裡，做家長的真的會害怕得不得了呢。預防接種確實有好處也有壞處，可是明明有方法可以預防，卻為了「因為不是很了解」、「因為當時不知道」之類的理由而錯失機會，這樣實在太可惜了！

關於要不要施打這個問題，各位不妨收集資訊後和孩子好好討論，或是找值得信賴的專家、婦產科醫師諮詢。

順帶一提，男性也會感染HPV，目前已知會引發陰莖癌、肛門癌、口咽癌等癌症。請大家至各鄉鎮市或厚生勞動省的官網確認最新資訊！

## 這種時候該怎麼辦？孩子的叛逆期經驗談！

### 青春期和更年期是荷爾蒙與荷爾蒙的戰爭。

由於照理說應該要維持身心穩定的荷爾蒙變得不穩定，而且又身處在同個屋簷下，以致彼此之間偶爾會鬧彆扭，甚至是發生嚴重的打鬥。接下來，我就來介紹幾個身處叛逆期的女兒和父母之間的經驗談。

## 有時甚至會互相扭打！不要獨自煩惱，請向各種專家尋求諮商協助

我的大女兒從國中一年級到國中三年級這段期間，經常會「連日不去上學」、「很晚才回家」，母女彼此無法理解對方的心情而發生爭吵，有時甚至還會扭打成一團。當時我本身因為生病導致身體狀況不是很好，再加上離婚的關係，讓我光是想辦法過日子便費盡心力。即便找各種相關機構諮商，對方也都說「因為你不夠愛孩子」、「因為你沒有考慮到孩子就離婚」，讓我愈諮商愈對自己感到厭惡。不過就在我非常沮喪的時候，某位兒童心理的老師對我說「只要你真心關懷女兒，那麼就一定不會有事」，讓我的心情頓時輕鬆許多，也不再受周遭其他人的言語所影響。現在雖然還是會吵架，不過已經可以對彼此說出自己想說的話，甚至把當時的事情當成玩笑看待了。（福崎寬子小姐・四十六歲）

## 孩子為身體的變化感到困惑。關於說明青春期的變化這件事

我女兒的個性原本非常沉穩，可是卻在十三歲時突然像換個人似的脾氣暴躁，連

表情都變得不一樣了。我問她「怎麼了？感覺不像平常的你」，結果我大女兒就開始邊掉眼淚邊說「我也不知道。連我自己也搞不懂怎麼回事」。似乎是青春期急劇的身體變化，讓她的心情調適不及的關係。要是當時，我有以淺顯易懂的方式跟她說明性荷爾蒙、PMS等等就好了。（R．G小姐・四十九歲）

## 小心不要太過在意

我的大女兒在讀國中時，經常回到家都會告訴我在學校過得如何，可是只要我說出不合她意的意見，她就會突然沉默下來，眼泛淚光地開始生悶氣。要是我還想繼續跟她說話，她便會拋下一句「算了」然後回去自己的房間。由於她不是會自己主動消氣踏出房門的類型，因此我會把大女兒喜歡吃的冰淇淋、果凍等甜點放在盤子上，擺在樓梯口，然後跟她說「不趕快吃會融化喔～」，通常過沒一會她就會悄悄地出來吃了。

那樣的大女兒如今已經是高中生了。雖然現在換成就讀國中的二女兒突然不肯跟我說話，不過因為大女兒說「國中的時候就是會突然不想說話，所以不用放在心上」，讓我的心情好過許多。（藤森啓江小姐・五十四歲）

## 大吵一架後孩子離家出走。保持距離，之後再談

母親在我小時候，是一個性格非常開朗、感覺總是在哼歌的人。

可是，在我就讀高中一年級至二年級時，母親因持續受到更年期不適所苦，像變了個人似的情緒十分暴躁。當時，我正值叛逆期。得在家和過度干涉的母親見面這一點讓我鬱悶不已，於是「不要管我啦！」的念頭益發強烈，臉上漸漸不再有笑容，也不跟母親交談了。

有一天，我為了小事情和母親產生激烈衝突，結果母親一邊大吼「早知道不要生下你」，一邊拿著菜刀往我逼近。

所幸，我並沒有被菜刀刺中，可是她的話卻深深刺傷我正值青春期的心。

整個人受到否定的感覺讓我好傷心，覺得自己沒有容身之處，於是我就離家出走了。

即使離開家也無處可去，於是我便在當時一個名叫電波少年的電視節目影響下，以當時十分流行的搭便車方式完成四國的環島之旅。旅行途中，我從單身赴任的卡車司機口中聽說關於他家人的事情，也聽過接下來準備登記結婚的情侶是怎麼開始交往、讓我搭便車的女性在工作上的煩惱，以及在島波海道經營豆腐店的老爺爺的戰後悲壯人生。

幸運的是，我一路上都沒有遭遇危險，遇到的人們時常會給我點心、對我聲援說「加油！祝你一路順風」，有的人甚至還會給我盤纏，讓我深深感覺到人生只要活著就有希望。

在這之前，學校和家就是我全部的世界。我原本以為上大學、到公司上班、買房子才是所謂的人生，認為大人比起夢想更應該以體面和穩定為優先。然而我的世界卻因為這趟旅程而逐漸擴大，並且開始覺得因為和母親吵架而感到絕望的自己，簡直是個可笑的小孩子。

結束為期大約一周的旅行回來後，我和母親好好聊了一番。稍微保持距離讓我能夠冷靜地表達想法，母親也從此不再過度干涉我。

後來，我為了很想正式嘗試看看的戲劇而來到東京。

儘管這個決定讓周遭大人失望地說「枉費你都進入升學高中了」，但是母親到頭來還是支持我選擇一條和其他人不同的道路。

在那之後，我成為健身教練，得知為更年期不適所苦的人們的心聲。那些人的心聲讓我回想起當時的母親，因為有感於現代社會不夠重視更年期支援，於是我成立「ちぇぶら」

持續做出挑戰。母親在更年期過後，身體狀況穩定許多，雖然她現在已經超過七十歲，身上有一些年老所帶來的問題，但每天還是過得健康有活力，和我的感情也十分融洽。

## 這樣沒問題嗎？不叛逆的孩子們

「我家小孩沒有特別經歷過叛逆期耶～」

我在進行訪問時，意外獲得許多這樣的回答。雖然在經歷過激烈叛逆期的我看來，這是非常令人不敢置信的事情，不過表示沒有叛逆期的家庭似乎正在增加。

根據明治安田生活福祉研究所和金財（金融財政事情研究所）所進行的「二〇一六年親子關係的意識與實況調查」，男性有42・6％、女性有35・6％回答「沒有經歷過像是叛逆期的時期」。

比起已經為人父母的我們這個世代（男性28・1％，女性26・4％）要大幅增加許多。

之所以沒有叛逆期，原因有可能是孩子的個性本來就比較穩重，即使孩子本人出現叛逆的狀況，做父母的也沒有發現。或者是因為親子之間本來就會想要互相了解、父母對孩子採取愛的教育、親子關係像「朋友」一樣等等，讓孩子根本不需要叛逆。

然而如果是孩子已經放棄的情況，那就令人擔心了。倘若是因為父母對孩子過於嚴格或漠不關心，導致孩子產生「我說什麼都沒用」、「反正你們又對我不感興趣」的放棄念頭而無法叛逆，那麼就必須重新好好審視親子關係。

無論有沒有叛逆期，做父母的都會擔心「我家孩子要不要緊啊？」。但是，其實只要不是孩子對父母言聽計從、無法反抗的不自然關係，就不需要去和其他家庭比較，讓自己過度操煩。

因為別人是別人，自己是自己。

在希望孩子健康成長的同時，我們自己有一件事情需要特別留意。那就是當個「有自信」的大人。

**孩子的事情固然重要，但是讓你自己擁有充實豐盛的身心更為重要。**因為只要對自己充滿自信，心態就會比較從容，人也會變得溫柔起來。

請和伴侶、同為人母的朋友分享在本章所學到有關青春期的內容，一同開心地度過這個時期。

那麼從下一章開始，我們就來看看如何讓各位即將迎來的「更年期」過得既愉快又舒適吧！

# 第3章

# 更年期　母親的身心

## change of life！

說起更年期，總是讓人莫名聯想到一些負面的印象，但其實更年期的英文是「The Change of Life」。沒錯，就是人生的轉機！

進入性荷爾蒙變動活躍的更年期後，身體會和青春期一樣發生許多改變，讓我們嚇一大跳！有時甚至會有心情調適不及的情況產生。

容易疲倦的自己、在工作上犯錯的自己、忍不住產生負面想法的自己、不由得對孩子情緒化的自己……和以往截然不同的自己。

啊啊～～這樣的自己好可恨啊～～！

儘管有時身心好像不太受控制，也不需太過自責。因為這些不順，既不是因為你偷懶，也不是因性格改變而產生。

雖然偶爾會聽到有人說「更年期只是心態問題」、「是因為太閒才會出狀況吧？」這種離譜的話，不過只要把對方想成沒知識就好，不需要放在心上。**更年期不適不是你的錯，全部都是性荷爾蒙害的。**

其次，除了伴侶外，也請和孩子們分享更年期的身心變化。和青春期一樣，孩子長大之後遲早也會經歷更年期。

請務必教導他們更年期的知識，並且分享自身經驗和保養方法喔。

## 有無更年期障礙者的差異

有九成女性在進入更年期之後，身心都會感到不適。這個時期產生的各種身心不適稱為「更年期症狀」，而該症狀對本人或家人的日常生活造成妨礙則稱為「更年期障礙」。

「為什麼體內的性荷爾蒙同樣都會發生變化，有的人卻會出現更年期障礙，有的人卻不會呢？」你是否也曾想過這個問題呢？

出現更年期障礙的原因有三個。

一是身體因素，二是心理因素，三是環境因素。就讓我們依序了解其中的原因和對策方法吧！

## ❶ 身體因素與對策

身體因素是指因性荷爾蒙低下和自律神經失調，所引起的各種身心症狀。

自覺症狀多為月經週期紊亂、肩膀僵硬、腰痛、關節緊繃、發麻、發熱潮紅、潮熱、不安感、沒精神、煩躁、失眠、暈眩、耳鳴、心悸、眼乾、口乾、皮膚濕疹、體味改變、便祕或腹瀉、性交疼痛、膽固醇上升、容易疲倦……等等。

唔，症狀還真多啊！

順帶一提，更年期會出現的症狀種類據說多達兩百至三百種。

緩解這些不適症狀的方法，**就是調節自律神經**。

自律神經一言以蔽之，就是切換身體開關的神經。

分成像油門一樣讓人興奮的「交感神經」和像煞車一樣讓人放鬆的「副交感神經」，在這兩種神經無時無刻的工作之下，我們的血管、心跳、內臟、體溫、呼吸隨之受到控制。

自律神經容易失調不是只有在更年期的時候。

人只要活著，就會有許多情況容易使得自律神經變得紊亂。比方說熬夜、半夜被強光照射、生活作息不規律。另外，過於開心的經驗、讓人深受打擊的事件，也會輕易使我們的自律神經失去平衡。

重點是，不要讓紊亂的自律神經繼續紊亂下去，要不斷嘗試各種方法「自己努力調整」。一旦養成調節的技巧和習慣，無論是更年期還是往後的人生，就能過得更加豐富美麗又健康！

調節自律神經的各種建議和方法，都整理在下一個章節裡。除了緩解更年期的身體不適，像是青春期、老年期等，這些對策一生都能使用，所以請和家人分享，另外也告訴身邊的親朋好友，一起好好地活用吧！

## ❷ 心理因素與對策

「會有更年期障礙都是因為你的個性太嚴謹，過得輕鬆一點就沒事了。」

「不要想太多，試著過得正面積極一點如何？」

為了更年期不適去醫院看診，結果只得到這樣的建議就回家了，呵呵呵……接著就讓我們來聽聽這些女性的心聲。

據說引發更年期障礙的原因之一，確實是心思細膩、個性嚴謹等「本人的性情」。可是就算被別人這樣說，又能怎麼樣呢？

「要我現在才來改變個性也太為難人了……」

「我都這樣活了四、五十年了耶——!」

各位心裡應該都是這麼想的吧?

請放心,無論何種性情,都有辦法大幅降低心理上的障礙。

那個方法就是正確了解自己的身體變化。

另外在這個時期,若是有能和自己一起面臨更年期挑戰的同伴、可以交換資訊的朋友,或是可以商量煩惱的專家,就能更進一步減少心理障礙。

無論是誰,要在不曉得會出現什麼的一片黑暗之中前進,都會感到膽怯不安。想到得獨自走在那樣的道路上,要是我,一定會怕到雙腿發軟、動彈不得!

可是,如果有光線、地圖和導覽地圖的話呢?不僅如此,若還有旅伴相陪呢?那就會變成一趟令人興奮不已的冒險之旅。

### ❸ 環境因素與對策

孩子的青春期、考試、離家獨立、照護父母,以及工作上的立場和環境的轉變……。

在四十到五十多歲的這個年紀,除了自己的身心變化之外,周遭的環境也容易產生前所未有的巨大變化。

當身體狀況不好時，即便是平常不以為意的小事，也容易對心靈造成嚴重傷害。

像是孩子的事情、父母的事情，有些事情光靠自己是無法解決的。那些事情每一件都是大事，沒辦法利用零碎的閒暇時間完成。

然而，若是那些事情同時落到自己頭上的話……。

人一旦變得脆弱，就不曉得會做出什麼事情來。

我的一位朋友告訴我，「我父母踩空樓梯，摔斷了大腿骨，可是偏偏我在工作上又剛好遇到部門異動，簡直忙得不可開交。不僅如此，今年我的孩子們還正好分別要考高中和大學！我想我現在的生物節律一定狀況很差！」於是她開始往奇怪的方向思考，不僅去參加價值高達好幾十萬日幣的占卜講座，還開始配戴據說可以轉運的昂貴手鍊。

……當然，聽說她的狀況並沒有好轉。

對於這些環境的變化，我會建議以第三者的角度去觀察人生中所發生的變化。在ちぇぶら，我們會建議透過「人生事業規劃」，將自己與身邊親友一生的人生「轉換期」寫下來。

只要書寫下來，之後即便發生相同的變化，內心的從容感和行動也會有所不同。

我有一位朋友也在五十歲時，開始面臨照護父母、孩子們陸續離家獨立、職場的職位改變，以及自己身體狀況不佳等環境的變化。

不過和前一位不同的地方是，她找了當地的日照中心幫忙照顧、在職場找人商量理想的工作方式、開始注重自己與家人的健康，另外也去向婦產科諮詢，她採取了這些具體的行動。

後來她告訴我「幸好我有透過人生事業規劃，事先做好心理準備」。真令人開心！人生事業規劃的內容收錄在本書的114頁，請各位務必作為參考！

## 不出聲就等於沒有

「日本人真不可思議。你們為什麼都不會出現更年期障礙呢？」

前陣子，我和美國的更年期研究者在Zoom上面開會時，對方這麼問我。

咦？什麼意思!?

在我的詢問之下，

「在全世界眾多的研究之中，沒有日本女性表示自己有更年期障礙。」

對方這麼回答！

NoNoNoNoNo——No！

我忍不住這麼大聲驚呼。

日本是忍耐大國。日本人只是不出聲而已。

沒錯，以前ちぇぶら在對一千名以上的女性進行問卷調查時，針對「對於更年期症狀，你採取了何種對策？」這個問題，回答「忍耐」的人數最多。日本人絕對不是沒有更年期障礙，而是多數人即便更年期症狀很嚴重也會選擇忍耐。

既然沒有出聲，自然就不會出現在研究數據中。也因為沒有出聲，結果就被視為應該沒有問題。這可是會讓日本人被排除在世界最新研究之外的嚴重事態。

## 「忍耐」的時代已經結束了！

更年期症狀所帶來的不適，是有方法可以治療的。假使持續感到不適，請不要忍耐，去婦產科接受專業諮詢吧，

而且，若是有「既然是更年期，那也沒辦法」的想法，有可能會延誤像甲狀腺疾病、糖尿病、憂鬱症等其他隱藏疾病的治療，因此及早接受診斷非常重要。

儘管現在這個時代，依舊提倡「忍耐是美德」這種古老詛咒的人已慢慢減少，但認為上婦產科難度太高的人似乎還是很多。

因此，我們就來掌握到醫療機構就診的訣竅吧！

## 不會後悔！「更年期」上婦產科就診的訣竅

你會在出現何種程度的症狀時去醫院呢？

「這種程度的更年期不適也可以去醫院嗎？」

「去醫院好麻煩。」

「雖然不舒服，不過只要我忍耐……」

你是否也會像這樣，拖著不去醫院就診呢？

身體不舒服時，選擇依賴專家而非「忍耐」非常重要。

能夠幫忙解決更年期症狀的醫療機構是婦產科。

話雖如此，我卻經常聽到講座的觀眾說「不曉得什麼樣程度的症狀可以去醫院，結果就忍下來了」。

對於不習慣去醫院的我們，的確會不安地心想「這種程度可以去看醫生嗎？」，很難去判斷就醫的標準。

這種時候，可以自行確認更年期症狀的「簡略更年期指數」是很方便的評斷標準。確認自己在各種症狀上的體感值，算出總分。無論女性或男性，合計超過50分就建議至醫院看診。

## 如何尋找具「更年期」專業的婦產科

「我鼓起勇氣去了婦產科，最後卻帶著不好的感受回家。」

偶爾也有人會找我商量這個問題。

「醫生只告訴我沒辦法，更年期就是這樣，最後我只能不知所措地回家。」

「醫生雖然開了藥給我卻沒有多加說明，讓我擔心得不敢吃藥。」

也有人這麼表示。

醫院雖然無疑是能夠幫助我們對抗不適的強力助手，但其實每家婦產科都有各自擅長的領域。

比方說，有的擅長支援孕產婦，有的致力於不孕治療，有的則專門進行子宮肌瘤等的手術。

## 女性版 自行確認更年期症狀！

### 簡略更年期指数（SMI）

| | 症　狀 | 強 | 中 | 弱 | 無 | 分數 |
|---|---|---|---|---|---|---|
| 1 | 臉部發熱潮紅 | 10 | 6 | 3 | 0 | |
| 2 | 容易流汗 | 10 | 6 | 3 | 0 | |
| 3 | 腰部或手腳容易冰冷 | 14 | 9 | 5 | 0 | |
| 4 | 氣喘、心悸 | 12 | 8 | 4 | 0 | |
| 5 | 睡不好、淺眠 | 14 | 9 | 5 | 0 | |
| 6 | 易怒、情緒煩躁 | 12 | 8 | 4 | 0 | |
| 7 | 悶悶不樂、心情憂鬱 | 7 | 5 | 3 | 0 | |
| 8 | 經常頭痛、暈眩、想吐 | 7 | 5 | 3 | 0 | |
| 9 | 容易疲倦 | 7 | 4 | 2 | 0 | |
| 10 | 肩膀僵硬、腰痛、手腳疼痛 | 7 | 5 | 3 | 0 | |
| | | | | | 合計 | |

*註：只要有一項的症狀強烈就是【強】。
【強】有症狀，有時會對生活造成妨礙。
【中】有症狀，不會對生活造成妨礙。
【弱】可能有症狀。

### 更年期症狀的評估標準

| 依據合計分數判斷的自我評估量表 | | 45～55歲女性的占比 |
|---|---|---|
| 0~25点 | 沒有異常 | 20%強 |
| 26~50点 | 注意飲食、運動 | 40%強 |
| 51~65点 | 應至更年期停經門診看診 | 20%強 |
| 66~80点 | 需要進行有計畫的長期治療 | 10%強 |
| 81~100点 | 需要接受各科的精密檢查，<br>進行有計畫的長期治療 | 數% |

（引用文獻）小山嵩夫：《更年期──閉経外来──更年期から老年期の婦人の健康管理について》
日本醫師會雜誌 109：259-264,1993

## 男性版 自行確認更年期症狀！

### 年長男性症狀調查表（AMS Score）

| | 症狀 | | 強 | 重 | 中 | 弱 | 無 | 分數 |
|---|---|---|---|---|---|---|---|---|
| 1 | 整體狀態不佳 | 身 | 5 | 4 | 3 | 2 | 1 | |
| 2 | 關節或肌肉疼痛 | 身 | 5 | 4 | 3 | 2 | 1 | |
| 3 | 嚴重出汗 | 身 | 5 | 4 | 3 | 2 | 1 | |
| 4 | 睡眠困擾 | 身 | 5 | 4 | 3 | 2 | 1 | |
| 5 | 時常想睡、經常感到疲倦 | 身 | 5 | 4 | 3 | 2 | 1 | |
| 6 | 情緒煩躁 | 心 | 5 | 4 | 3 | 2 | 1 | |
| 7 | 變得神經質 | 心 | 5 | 4 | 3 | 2 | 1 | |
| 8 | 感覺不安 | 心 | 5 | 4 | 3 | 2 | 1 | |
| 9 | 身體疲勞或行動力減退 | 身 | 5 | 4 | 3 | 2 | 1 | |
| 10 | 肌力下降 | 身 | 5 | 4 | 3 | 2 | 1 | |
| 11 | 心情憂鬱 | 心 | 5 | 4 | 3 | 2 | 1 | |
| 12 | 感覺「過了巔峰時期」 | 性 | 5 | 4 | 3 | 2 | 1 | |
| 13 | 感覺已經耗盡力氣、身在谷底 | 心 | 5 | 4 | 3 | 2 | 1 | |
| 14 | 鬍子的生長速度變慢 | 性 | 5 | 4 | 3 | 2 | 1 | |
| 15 | 性功能衰退 | 性 | 5 | 4 | 3 | 2 | 1 | |
| 16 | 早晨勃起（晨勃）的次數減少 | 性 | 5 | 4 | 3 | 2 | 1 | |
| 17 | 性慾低落 | 性 | 5 | 4 | 3 | 2 | 1 | |
| | | | | | | | 合計 | |

### AMS Score的評估標準

| 症狀的程度 | 心理因素 | 身體因素 | 性功能因素 | 綜合評價 |
|---|---|---|---|---|
| 無 | 5分以下 | 8分以下 | 5分以下 | 17-26分 |
| 輕度 | 6-8分 | 9-12分 | 6-7分 | 27-36分 |
| 中度 | 9-12分 | 13-18分 | 8-10分 | 37-49分 |
| 重度 | 13分以上 | 19分以上 | 11分以上 | 50分 |

（出處）「加齢男性性線機能低下症候群診療の手引き 2022」

要諮詢更年期症狀，最理想的做法是去找具更年期醫療專業的診所。舉例來說，你可以透過診所的官網資訊，確認該診所對於更年期照護的態度是否積極。靠別人介紹也可以，不過每個人適合的醫生不盡相同，所以還是耐著性子，努力尋找值得自己信賴的診所吧！

包括停經前後在內，更年期約有十年之久，有時還會演變成一場長期戰。這時遇見的值得信賴的醫生，一定能夠成為你這輩子健康上的強力後盾。

## 有了更安心。就診前的準備

「我之前去了醫院，可是那個醫生完全不聽我說話！」前幾天的講座上，有位觀眾淚汪汪地這麼表達不滿。詢問之下才知道，醫生問她「妳是從什麼時候開始感覺到症狀？」，於是她便「我記得是去年冬天。一開始是覺得容易疲倦，後來突然就變得爆汗……」像這樣將所有經過娓娓道來，結果說到一半就被打斷，讓她覺得醫生的態度非常冷淡。

更年期的時間很長，又有症狀非常複雜的特徵。再加上要將自己無時無刻都在變化的身體狀況傳達給別人知道，除非是觀察力相當好的溝通專家，否則對所有人而言都是極其困難的事情。況且醫生還有其他病人要看，自然不可能花太多時間在我們身上。

另外，由於有時也會有突然一下子卡住、說不出來的情況，因此看診時，事先準備好簡易備忘錄會方便許多。

・在意的症狀
・想改善的問題和想了解的事情
・最後一次月經（期間、週期、量等等）

請將以上幾點簡單地整理出來，然後帶著用藥紀錄去看診吧。

我有一位參與過講座的朋友，聽說在就診之前準備了備忘錄，「我才想說自己準備得真周全！結果就把那份備忘錄給忘在玄關了～」她這麼笑著說。

## ●荷爾蒙療法

更年期障礙是有方法可以治療的，其中最具代表性的治療方式就是荷爾蒙療法（HRT）。藉著從外在補充，來緩解女性荷爾蒙急劇減少的狀況。像是改善發熱潮紅、情緒煩躁、注意力下降等不適，以及保持肌膚光澤、頭髮潤澤、骨骼強健等，可望發揮找回女性荷爾蒙好的那一面的效果。

補充方式有塗抹在手臂上的凝膠型、貼在皮膚上的黏貼型、口服型等許多種類。想要接受治療必須先至婦產科就診，進行各項檢查以確認自己的身體是否適合進行治療。曾罹患乳癌者及患有血栓症的人，有可能無法接受HRT。

雖然二十多年前曾有報導說這種療法會增加罹患乳癌的機率，不過根據後來的調查，發現乳癌的發生率並沒有特別增加。

話雖如此，無論何種藥物都還是同時存在優點和缺點。

「我做了HRT之後，有種中古車重生成為新車的感覺！真是爽快！」

「早知道我就早點接受治療了～～！」

有許多人這麼表示。

「這種療法不適合我，狀況反而變差了。」

「胸部脹痛和分泌物增加的情況讓我好困惑。」

但是其中也有人這麼反應。所以，請各位務必和醫生好好討論，選擇適合自己的方式進行治療喔。

## 中藥

中藥是由好幾種名為生藥的植物組合而成的藥物。可以透過搭配生藥的效果來調整身體狀況，從以前就被用來治療更年期的症狀。也可以和HRT合併使用。

藥局裡面經常在賣、包裝上寫有「更年期」這個關鍵字的藥裡面，幾乎都有添加中藥。

通常像「A太太本來肩膀僵硬得很嚴重，聽說吃了這帖中藥之後就好多了！」這樣的口耳相傳，都是非常有力的情報來源。可是，唯獨中藥不一樣！

中藥的目的是用來改善體質。因此即便症狀相同，只要體質不一樣，用藥也會不同。所以，選擇符合自己體質，也就是「證」的中藥非常重要。

假使覺得很困難，一開始請專家幫忙開藥是最簡單的方法。

常用來改善更年期症狀的三大中藥

- 當歸芍藥散：適合沒有體力、沒什麼精神的人（虛證）。對於手腳冰冷、貧血、頭痛、暈眩有效。
- 加味逍遙散：適合稍微沒有體力的人（中間證）。通常會開給失眠，或是煩躁、憂鬱等精神症狀強烈的人。
- 桂枝茯苓丸：適合有體力，臉部容易發熱的人（實證）。建議潮熱症狀嚴重或肩膀僵硬、頭痛時服用。

## 生活習慣才是最有效的藥

世上沒有比「平時多運動、吃對身體有益的食物、保持充足的睡眠」更有效的藥了！更年期以後的身心是由習慣打造出來的。

年輕時，我們總以為可以憑自己的意志去決定自己的習慣，可是從更年期開始，習慣卻會漸漸主宰我們，無論是身體、健康，還是想法！因為習慣甚至有可能引發「生活習慣病」，所以千萬不可小覷。

不過換個角度想，只要讓習慣成為我們的盟友，身體狀況應該就會好轉。

要搭電梯還是走樓梯去三樓……算了！走樓梯好了！

要吃漢堡還是日式定食……選擇營養均衡的日式料理！

要熬夜還是早起……為了皮膚好，還是早點睡吧！

這一個又一個的微小選擇長久累積下來，會在更年期之後讓身心的舒適度產生很大的差異。

當然，不需要每次都當乖寶寶。

即便只有三分鐘熱度，只要在想起來時持續下去，那也算是很有恆心了！

假使獨自執行有難度，那就努力改變自己所處的環境吧。請絕對不要想憑著決心和幹勁撐過去。

舉例來說，若是經常陪伴侶或公司那些愛發牢騷的同事吞雲吐霧、喝酒喝到半夜，那麼即便自己想要改變習慣，也很難憑著一股衝勁安全過關。

這種時候，請試著狠下心來改變人際圈或環境。像是加入運動類的同好會，或是加入正向健康的團體，這些方法都值得一試。

人其實比想像中還要容易深受自己周遭的人或環境影響。

通往「自己想要成為的樣子」的捷徑，就是讓自己周遭的環境充滿擁有「相同想法」的人。

能否成為玫瑰色的「The Change of Life」……

這完全由你的習慣，也就是你做出的一連串選擇而定。請別忘了這一點喔。

## 更年期必定有結束的一天

「沒辦法，可能是年紀大了吧。」

徹底喪失信心的M小姐，突然在四十八歲時辭去工作。

她原本在企業任職，懷著滿腔使命感幹勁十足地工作，可是自從過了四十六歲之後，她在工作上的小失誤開始增多了。

不僅粗心大意的情況增加，還會弄錯開會時間，完全忘了要提交資料。雖然寫了備忘錄提醒自己不能忘記，有時卻連備忘錄也弄丟了。

「對旁人造成困擾，我感到很不好意思。」

原本非常喜歡工作的M小姐，最後就因這樣而辭職。

啊啊！要是M小姐有機會得知更年期的正確資訊就好了！

更年期不是只有潮熱等容易觀察出來的症狀，也有健忘、精力下滑等各式各樣的症狀。可是，那些都有治療方法和對策可以解決，所以她或許不用辭職也能夠找到解決之道。

在這裡，有件事情希望各位可以牢記在心。

**那就是，請在身體狀況好時做出重要決定。**

女性特有的不適必定有結束的一天。

就好比孩子的青春期終究會結束一樣，更年期也有結束的時候。

只要熬過更年期，「黃金期」就會在前方等著我們！

一旦過了更年期，大家就會異口同聲地說「感覺就像霧散去一樣神清氣爽。」

人到了四十至五十歲，想必偶爾會遇到身邊同事或朋友找自己商量要事的情況。

屆時，請各位務必這麼告訴對方：

「這件事情很重要。所以，你最好在身體狀況好時做決定」。

## 了解男性的更年期障礙

最近沒什麼精神，臉上也沒有笑容。

之前輕鬆就能辦到的事情，如今卻要花上好一段時間。

半夜經常醒來跑廁所，不然就是東摸西摸。

假使伴侶或周圍的男性出現這種徵兆，那有可能是他的男性荷爾蒙（睪固酮）低下所致。

說起更年期障礙，一般人常以為這是女性特有的不適症狀，不過其實男性也有。

男性過了四十歲之後，性荷爾蒙會開始緩緩地減少，但如果減少的速度太快，就會出現心情沮喪、煩躁、晚上失眠、突然出汗、手腳冰冷等類似女性更年期的症狀。

男性更年期障礙最容易產生症狀的時期是五十五至六十五歲。

女性有停經這個清楚的分界點可以區隔，可男性沒有，所以很難判斷是否進入了更年期。

另外，儘管很難直接開口詢問，不過男性的晨勃和性慾其實相當於女性的月經，是一種健康的指標。

提到ED（勃起功能障礙），一般人常會覺得「因為年紀大了」或「好丟臉……」但其背後也有可能隱藏著其他因血液循環不佳所導致的腦血栓、狹心症等攸關性命的疾病，因此必須格外小心。

至於體內有多少男性荷爾蒙這一點，只要到泌尿科抽血檢查就可以知道了。

一般而言，男性更年期障礙也會使用中藥或男性荷爾蒙療法（ART）進行治療。患者可至泌尿科或男性健康門診等接受治療。

## 更年期憂鬱與憂鬱症的差異

更年期憂鬱和憂鬱症的病狀相似，成因卻截然不同，因此必須特別留意。

造成更年期憂鬱的原因是性荷爾蒙低下。所以，女性要去婦產科、男性要去泌尿科，接受荷爾蒙療法等治療。

另一方面，造成憂鬱症的原因則是腦內的神經傳導物質異常，因此就診時要去精神科。至於治療方法當然也不相同。

可是，我們這些外行人要清楚分辨這兩者非常困難！

日本女性醫學學會的官網上明載，更年期世代若是感到容易憂鬱，首先第一個選項就是去婦產科等專門從事更年期治療的醫療機構。另外如果是男性的話，即便已經被診斷是「憂鬱症」但還沒有確認過男性荷爾蒙值，那麼也會建議去泌尿科檢查看看。

## 女性也必看！讓男性荷爾蒙成為盟友的三大妙招！

和女性荷爾蒙不同，男性荷爾蒙是可以自行增加的。

而且不只是男性，停經後的女性也是如此。

「意思是我會變成大叔？我才不要咧！」

各位不需要像這樣被男性這個名稱所誤導，產生無謂的擔心。與天生的性別無關，每個人體內都同時擁有男性荷爾蒙和女性荷爾蒙。而且，更年期之後享受快意生活的訣竅，就在於讓男性荷爾蒙成為自己的盟友喔！

男性荷爾蒙的代表是睪固酮。以女性來說，體內睪固酮的分泌量原本只有男性的一成左右，不過停經之後睪固酮就會處於優勢地位。由於無論哪種性荷爾蒙的功用都相似，因此各位只要想成睪固酮是來支援之前雌激素所負責的工作就可以了！

## 男性荷爾蒙的好處

讓睪固酮成為自己的盟友，便能使血管保持年輕、認知能力提升、心情變得開朗正面、肌肉和骨骼強健等等，有非常非常多的好處喔。

因此，接下來我將陸續介紹如何提升在更年期過後保護我們身體的睪固酮。除了自己閱讀之外，也請務必和伴侶、周遭的男性分享這些知識。

### 運動 透過深蹲刺激大肌肉！

沒想到吧！睪固酮居然可以經由鍛鍊肌肉自行製造出來！讓睪固酮成為盟友最簡單的方法，就是「深蹲」這項鍛鍊動作。深蹲能夠鍛鍊到的股四頭肌是全身最大的肌肉，各位不妨在早晨或白天等想要增加幹勁和自信時試試看！

①將手臂向前伸，從大腿根部開始讓上半身往前傾。

②接著將臀部往下坐，直到大腿後側與地板平行，並維持五秒。回到①的姿勢。一共重複十組。

另外，假使你最近有容易發胖的困擾，也可望利用這項運動來提升代謝！

由於股四頭肌也是更年期過後便會急速衰退的部位，因此就讓我們從現在起好好地鍛鍊肌肉吧。

## 飲食 攝取會製造睪固酮的營養

想要增加睪固酮，攝取充足的蛋白質非常重要。尤其羊肉等中所含的肉鹼成分，具有讓睪固酮維持高含量的作用。

另外，建議和會製造睪固酮的材料，也就是含有OMEGA脂肪酸的橄欖油和亞麻仁油、含有鋅的堅果類，以及能讓血液保持清澈的洋蔥、大蒜等擁有強大抗氧化作用的食物一起食用。

睡眠

## 睡滿六小時以上

睪固酮主要是在睡覺的時候被製造出來，因此有充足的睡眠很重要！二〇一一年美國芝加哥大學的研究結果顯示，睡眠時間少於五小時的話，男性荷爾蒙會下降多達10～15%（參考：Journal of the American Medical Association 2011年6月1日號）。雖然每個人需要的睡眠時間不同，不過一般來說最好要有六至七小時。

## 放下女性、男性的偏見

因為是男孩子，所以不能說喪氣話。
因為是男孩子，所以不可以哭。
身為丈夫，支撐家計是理所當然！

現在的男性更年期世代，不正是在這樣的偏見中成長嗎？這麼一來，他們自然也就不得不將自己擺在後頭了。

以前經歷過男性更年期障礙的K先生曾說：「因為周圍的人都說男人就應該要有男子氣概！所以我對於因為身心不適，沒能回應他人期待的自己感到很丟臉」。

另一方面，女性們也經歷過必須在充滿「女性就該如何」等偏見的世界中生存的時代。在性別偏見之下，那些優秀的能力被埋沒、沒有機會可以發揮力量，甚至懷著不甘心的心情繼續工作的人不知凡幾。

可是，就如同我在青春期的章節中也提過的，性有其多樣性。成見只會將自己也困在狹窄的框架內，所以無論是對方還是自己，都試著放掉成見、平等地當成一個「人」來看待吧。

後來K先生告訴我：「一想到男人也可以說喪氣話，我的心情就輕鬆多了」。

男人就該有男人的樣子、女人就該有女人的樣子，這樣的想法早就已經落伍了。

如今就連小學生的書包，都已經從規定「男生是黑色，女生是紅色」的時代轉變成可以自由選擇。儘管速度緩慢，但這個世界確實正在不斷地改變。

## 為自己與身邊親友考量的人生事業規劃

自己的身心變化，孩子的青春期、考試、離家獨立，為照護父母而煩憂，工作的事情，地方活動的事情……。

對於這些環境的變化，我會建議進行俯瞰人生一百年的「人生事業規劃」。這麼一來，不只是自己，也能將會對自己人生帶來影響的身邊親友也考慮進去。

步驟非常簡單。

只要將想到的事情，以關鍵字寫在「人生事業規劃表」上就好。

人生欄位是寫下能夠憑自己的意思決定的人生事件。像是結婚、搬家、生產、旅行等，請一邊想像未來一邊寫下來。

事業欄位是寫下工作、取得證照、至今學過的事情、留學經驗、志工活動、當全職主婦的期間等。

生活欄位是寫下無法憑自己的意思去控制、家人或身邊親友的環境變化，像是孩子考試、入學、就業、伴侶退休等。另外父母迎來七十五歲的年份也要事先確認。

雖然人人都希望自己的父母無論到了幾歲依舊生龍活虎，不過人到了這個年紀，每三人之中就有一人需要照護。

面對同樣的人生變化，毫無準備地迎接和事先做好心理準備，兩者的看法、度過方式、內心的從容感都會大不相同。只要事先做好心理準備，就能冷靜應對可能發生的變化。

而且像這樣俯瞰之後，就會發現我們的人生下半場真的很長呢。

希望這麼做，能夠有助於你自在快樂地度過只有一次的人生！

# 人生事業規劃表

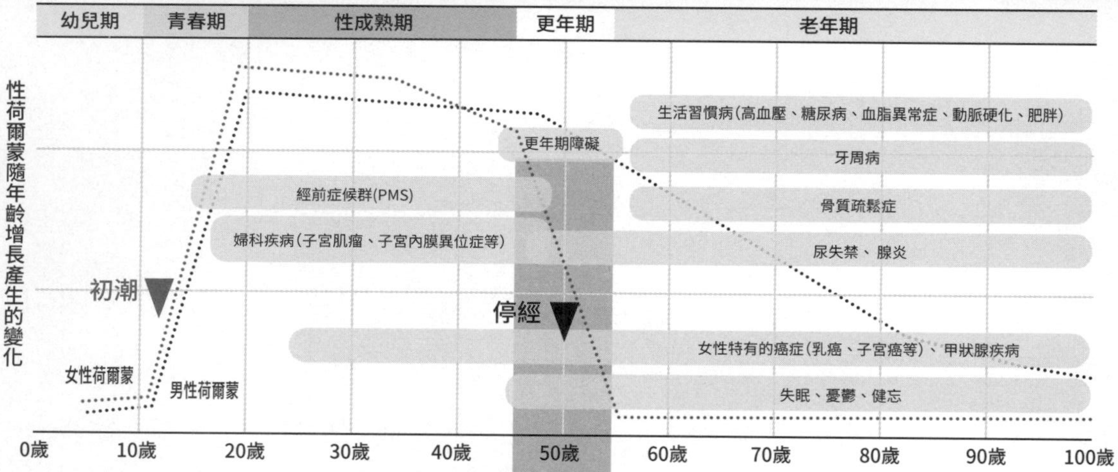


| | | | | | | | | | | |
|---|---|---|---|---|---|---|---|---|---|---|
| **人生**<br>搬家<br>結婚、旅行<br>嗜好 | | | | | | | | | | |
| **事業**<br>就業、轉職<br>獨立、證照<br>升遷、地方活動 | | | | | | | | | | |
| **生活**<br>照護<br>育兒 | | | | | | | | | | |

【書寫範例】
社團活動
搬家
獨居
結婚
購屋
升學
就業
生產
孩子的青春期
孩子升學
伴侶離職
父母 60 歲
取得證照
運動習慣
嗜好等

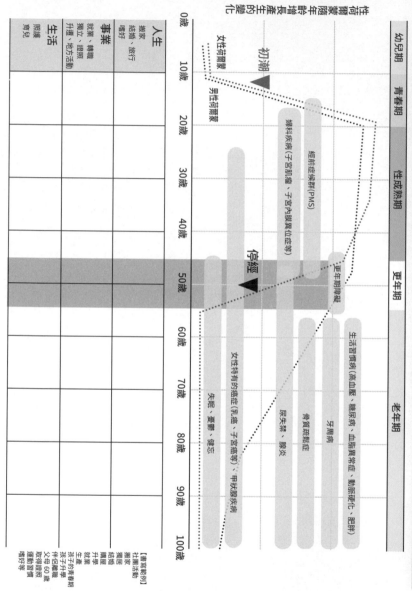

## 書寫範例

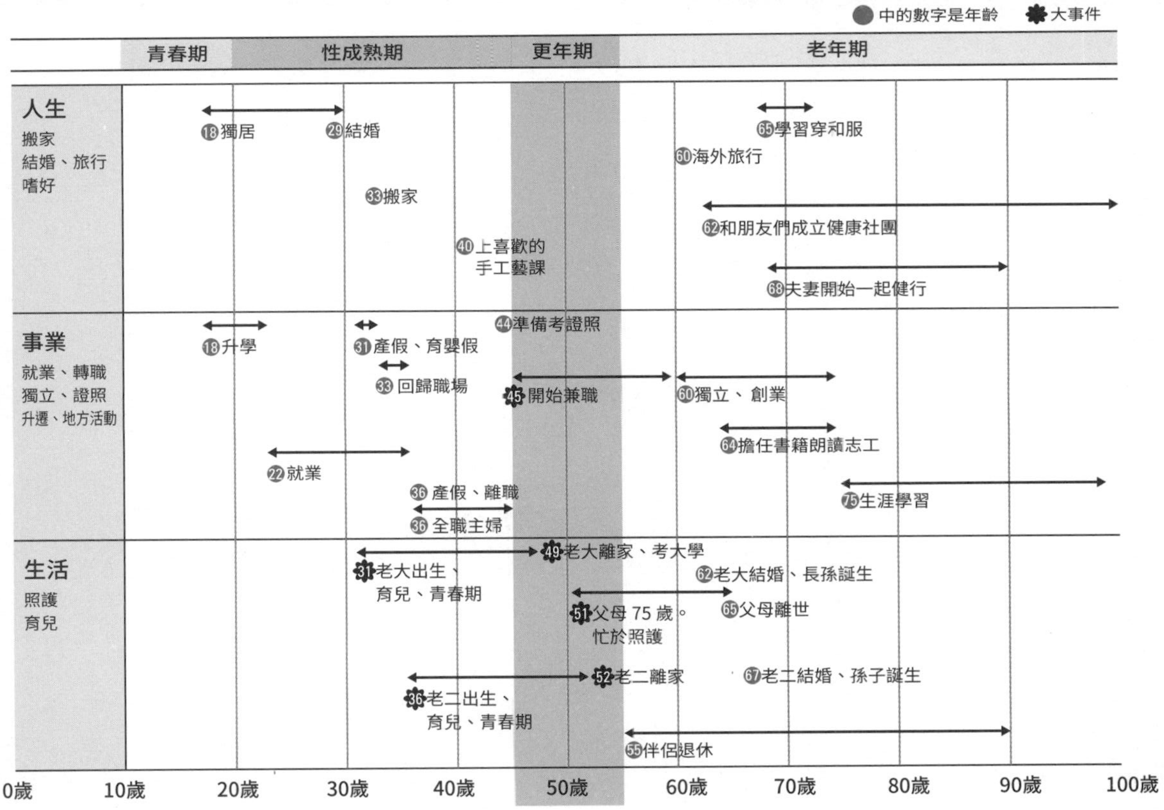
● 中的數字是年齡
✱ 大事件
青春期
性成熟期
更年期
老年期
人生
搬家
結婚、旅行
嗜好
18 獨居
29 結婚
33 搬家
40 上喜歡的手工藝課
60 海外旅行
65 學習穿和服
62 和朋友們成立健康社團
68 夫妻開始一起健行
事業
就業、轉職
獨立、證照
升遷、地方活動
18 升學
22 就業
31 產假、育嬰假
33 回歸職場
36 產假、離職
36 全職主婦
44 準備考證照
45 開始兼職
60 獨立、創業
64 擔任書籍朗讀志工
75 生涯學習
生活
照護
育兒
31 老大出生、育兒、青春期
36 老二出生、育兒、青春期
49 老大離家、考大學
51 父母 75 歲。忙於照護
52 老二離家
55 伴侶退休
62 老大結婚、長孫誕生
65 父母離世
67 老二結婚、孫子誕生
0歲
10歲
20歲
30歲
40歲
50歲
60歲
70歲
80歲
90歲
100歲

第4章

# 如何順利度過青春期vs更年期

## 與你自己的相處之道

在你的一生當中，與你相處最久的人是誰？

是父母？伴侶？還是孩子？

答案是「自己」。從出生那一刻到嚥下最後一口氣的那瞬間，你都無法停止和自己相處。

既然要和自己共度那麼久的時間，那麼我敢肯定地說，從現在開始學會如何照顧自己，讓自己過得愉快又舒適絕對比較好！

日本人對身邊的人都非常親切友善，可是另一方面，卻總會不由得把自己擺在很後面。根據日本津村公司針對一萬名二十至六十歲女性所做的調查，有高達八成的日本女性即使身體不舒服，還是會忍著去做家事或工作（津村「關於隱忍的實況調查」二〇二一年）。

一旦過度勉強自己去努力，可能會引發頭痛、倦怠等，使得身體狀況更加惡化；若是再繼續忍耐下去，則會產生煩躁、冷漠等精神方面的不適。

願意為了誰去付出雖然是件非常了不起的事情，可是如果因為把自己擺在後面而讓自己不開心或弄壞身體，那就真的是本末倒置了。

假使你過去是一個為了孩子、父母、工作或地方活動而活的人，不妨從現在開始試著「以自我為優先」吧。因為一旦自我充實豐盛了，自然就有餘裕去對周遭的人好。

以自我為優先並不等於自我中心。

自私地要求別人配合自己、不聽別人的意見、只要自己好就好的這種想法和行為，只會讓我們變成一個既麻煩又難相處的人（笑）。

以自我為優先的意思是，以自己的身心幸福為優先。也就是說，你是為了隨時都能珍惜身邊的人們而好好地愛惜自己。善待自己並不是那麼困難的事情。

因此，接下來我要傳授各位尤其在青春期和更年期可以調節身心的方法！無論母女都積極地以自我為優先，試著「取悅」自己的身心吧。

## 調節身心的「ちぇぶら體操」

像是青春期、更年期或月經來潮前，每當性荷爾蒙劇烈變動時自律神經就容易紊亂。為了調節自律神經，我最推薦的方法就是「活動身體」。

你問為什麼？

因為活動身體可以直接有效地調節自律神經。

舉例來說，請各位試著回想慢跑時的情況。慢跑時，我們的心臟會怦怦跳，並且感到體溫上升、冒汗、氣喘吁吁、心情爽快。這正是交感神經處於優勢的狀態。

那麼相反的，停止慢跑之後又是如何呢？心跳速度減緩、體溫下降、不再流汗、呼吸變得平穩、想去上廁所……放鬆。

這便是副交感神經處於優勢的狀態。因此，我們可以像這樣透過活動身體，輕易地調節自律神經。

「就算你這麼說，可是我每天都很忙，沒有時間運動……」

原來如此。

「每當自律神經紊亂就去慢跑，這樣哪吃得消啊！」

……說得也有道理。

因此，我會推薦大家做「ちぇぶら體操」。

不需要道具，也不花錢和時間，現在馬上就可以藉由活動身體調節身體狀況。

根據我在講座上進行的問卷調查，有許多人都表示在做了「ちぇぶら體操」之後，各種不適症狀都獲得大幅的緩解！這個體操還曾在加拿大溫哥華所舉辦的「International Menopause Society」國際更年期學會上實際演示過，是受到國際認可的體操。

「身體狀況居然當場就好轉了」、「因為很簡單，所以可以在家跟女兒一起持續做下去」另外還收到這樣令人開心的迴響！

請各位務必在讀書、做家事、工作的空檔，或是等紅燈、看電視時，和孩子試著做做看。

## 調節自律神經，幫助「放鬆」的呼吸法

「你為什麼還沒寫功課？」

「我才正打算要寫！」

像這樣情緒煩躁、心神不寧的時候，或是想讓心情恢復平靜時，可以試著進行這個呼吸法！

①用鼻子大大地吸氣，讓腹部膨脹，並將頭往上方抬起。

②用嘴巴輕輕地吐氣，讓腹部凹陷，並將下巴收回。這時請讓頸部後側有被伸展的感覺。

只要重複這個呼吸法五次左右，就能有效地放鬆。甚至還會忍不住「呼啊～～」地打呵欠呢。

我們的神經束是從腦部延伸，一路通過脊椎。

由於副交感神經的根部位於脖子根部，因此隨著呼

吸一起上下移動脖子可以發揮放鬆的效果。

## 肩頸僵硬、頭痛的緩解法

像是長時間讀書、辦公，一旦維持相同姿勢太久，上半身的血液循環就會變差，進而容易感到肩膀僵硬。想要舒緩肩頸僵硬、頭痛和提升專注力時，可以做做這個轉肩體操！想提升專注力時也可以試一試。

①將兩手搭在肩膀上，用手肘像在畫大圓一樣往前繞十次左右。
②接著也往後大大地繞十次左右。
③將兩條手臂交叉，往頭頂上方延伸。用後腦勺將上手臂往後頂，維持十秒，之後再緩緩地解開雙手。

活動肩胛骨周圍的肌肉，能夠讓滯留在那一帶的老廢物質浮現出來。藉著抬高手臂讓身體處於微加壓的狀

① 往前繞

② 往後繞

態，稍微抑制血液的流動，之後解開手臂時血液循環就會變好。只要像這樣利用血液的力量，徹底沖掉造成肩膀僵硬的老廢物質，神清氣爽的感覺就會持續很久喔！

## 調節自律神經，拿出「幹勁」的體操

一旦自律神經紊亂、副交感神經過於活躍，就有可能因為太過放鬆而導致早上起不來。除此之外，像是一整天都懶洋洋的，或是感覺快被不安感壓垮……甚至也會有這樣的情況。

這種時候應該做的不是用雙手抱頭苦思，而是舉起雙手、抬頭挺胸！如此一來，身體就會分泌出男性荷爾蒙，讓心情振奮起來！

其實，我們可以藉由做出強而有力的姿勢，促使大腦分泌出男性荷爾蒙睪固酮，然後在睪固酮的作用下產生幹勁，變得活力十足。

另外，即便是假笑也沒關係，只要笑瞇瞇地活動表情肌，大腦就會受騙，讓心情變得開朗起來。

目前已經證實，展露笑容確實具有減少壓力荷爾蒙皮質醇的效果。

・幹勁姿勢：將雙腿打開成肩寬的兩倍，握起拳頭，將兩手高高地舉向天空。看著斜上方，展露笑容。用力握拳，維持五秒。

# 調節心靈的三種呼吸法

請配合心情和狀況，嘗試各種不同的呼吸法！

想要放鬆時

## 1、2 呼吸法

相對於吸氣的時間，使用2倍的時間將氣吐出。比方說，用鼻子花4秒吸氣後，花8秒從嘴巴慢慢地吐氣。

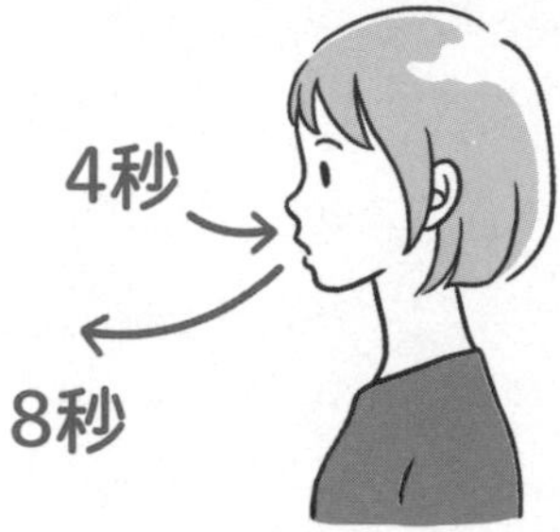


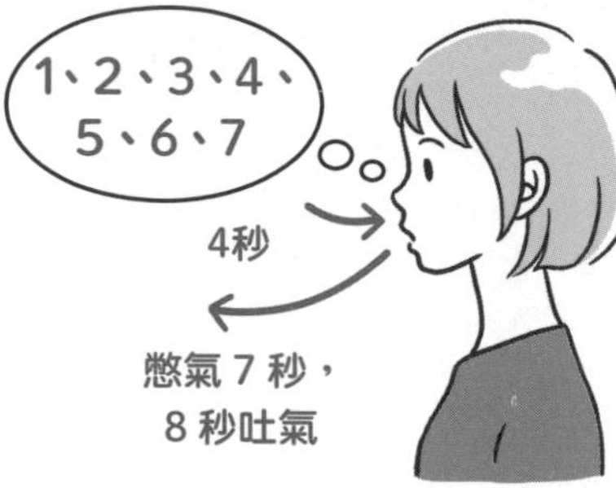


想平復煩躁情緒時

## 4、7、8 呼吸法

開始之前先將氣完全吐光。用鼻子花4秒吸氣，然後憋氣7秒，再花8秒緩緩地將氣吐出。

想要專注時

## 箱式呼吸法

想要緩和極度緊張或壓力、集中注意力時，建議可以嘗試連美國海軍都在使用的箱式呼吸法！花4秒將氣吸進肺部後憋氣，維持4秒。接著花4秒將氣吐出，在肺部排空的狀態下憋氣，維持4秒。反覆以上步驟。

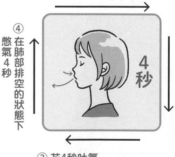

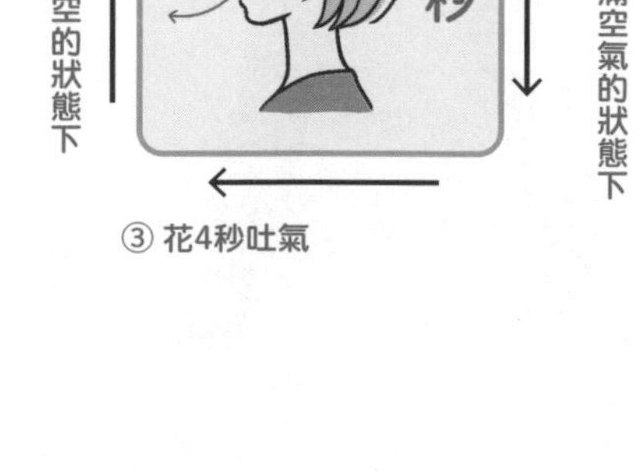
① 花4秒吸氣
② 在肺部充滿空氣的狀態下憋氣4秒
4秒
④ 在肺部排空的狀態下憋氣4秒

## 調節自律神經的十個方法

像是青春期、更年期或月經來潮前，每當性荷爾蒙劇烈變動時自律神經就容易紊亂。於是我彙整了幾個在日常生活中能夠輕易執行的方法！請各位務必找出適合自己的自我保養方式，確實地實踐。

### ❶ 朝浴晨光

沐浴晨光，打開交感神經的開關！

這麼做，會比較容易發揮一天的幹勁和專注力。只要在上午曬太陽，生理時鐘就會被重新設定，身體會在傍晚這個恰到好處的時間點分泌睡眠荷爾蒙褪黑激素。到了晚上，副交感神經會順利運作讓人體放鬆下來，於是能夠擁有深沉的優質睡眠。

### ❷ 充分咀嚼以減輕壓力

充分咀嚼有助於減少體內的壓力物質、調節自律神經，進而得到放鬆的效果。還有研究發現，由於流往大腦的血液增加，專注力因此提高了。運動選手會在比賽時嚼口香糖的原因就在這裡。

## ❸ 想獲得幸福就要重新檢視營養

被稱為幸福荷爾蒙的腦內神經傳導物質「血清素」，具有穩定心神、調節自律神經的功用。想要製造血清素，就必須透過飲食來攝取製造所需的材料。血清素的材料是必需胺基酸之一的色胺酸、維生素B6、碳水化合物。色胺酸存在於牛奶、乳酪、優格等乳製品，以及堅果、肉、魚、蛋、大豆製品中。富含維生素B6的食物有生魚片、肝臟、香蕉、納豆、蔬菜類等。碳水化合物則是指米飯、麵包、芋類等。

能夠充分發揮血清素力量的料理是「香蕉優格」！

這道料理具備了製造血清素所需的所有營養，而且輕輕鬆鬆就能享用。

各位若是覺得悶悶不樂，請不要檢討自己的個性和態度，不妨先重新檢視營養攝取是否充足。

## ❹ 改善腸道環境

腸胃功能深受自律神經的影響。因此我們可以反過來想，只要改善腸道環境，自律神經自然就容易恢復平衡。

像是早上起來後喝一杯左右的水、平時積極攝取膳食纖維和乳酸菌，還有做適當的伸展和健走，這些方法都有助於刺激腸道！

### ❺ 享受芳香精油等喜歡的味道

人只要聞到自己喜歡的味道，副交感神經就會處於優勢，進而得到放鬆的效果。如果想要緩解青春期的緊張感，可以選擇帶有清爽柑橘類香味的甜橙或香檸檬。若是要調節更年期的自律神經，會建議使用帶有玫瑰般香氣的天竺葵精油，以及屬於花香調的奧圖玫瑰精油。這些都經過研究證實，能夠發揮類似女性荷爾蒙的作用。

### ❻ 為了喜歡的音樂或電影而感動

你是否有過在傷心、難過時大哭一場，心情頓時變得舒暢許多的經驗呢？名為皮質醇的壓力荷爾蒙會在哭泣時，隨著眼淚一起被排出體外。因為哭泣能夠將造成壓力的原因趕出身體外，所以才能將我們從緊張或興奮的狀態切換成放鬆狀態。

調節自律神經最好的就是「感動的淚水」。各位不妨偶爾欣賞自己喜歡的音樂或電影，試著盡情大哭一場吧。

### ❼ 與人緩慢交談

愉快的對話就像正在運動時一樣，能夠幫助我們順暢地切換交感神經和副交感神經，所以大家不妨試著和自己親近的人們交談。想要讓自己放鬆下來，交談時有兩個重點要注意，那就是「交談速度比平時緩慢」和「盡可能避免負面話語」！

## ❽ 藉由泡澡提高深層體溫

試著在浴室泡個溫水澡吧！一旦提高身體的深層體溫，之後當體溫下降時，整個人就會感到非常舒服又放鬆。只要養成在睡前約九十分鐘泡澡的習慣，就容易獲得良好的睡眠喔。

## ❾ 睡前一小時關掉電腦和手機

電腦和手機螢幕所散發出來的藍光，會減少睡眠荷爾蒙褪黑激素的分泌。因此睡前如果看電腦或手機，大腦就會誤以為現在是白天，使得我們難以入睡、睡眠品質下降，結果導致早上爬不起來……所以，記得睡前一小時要關掉電腦和手機唷！

## ❿ 重視幽默感

「笑」這件事情的效果非常驚人。不僅可以促進提升免疫力的自然殺手細胞（ＮＫ）活化，讓免疫力提高，甚至還能幫助自律神經恢復平衡。

抱著「很好，我要準備來笑了！」的態度去觀賞搞笑節目雖然也不錯，不過更有助於釋放壓力、調節自律神經的方法是「自行製造幽默」。

當什麼事情失敗了，或是遇到討厭的事情時，若是直接地去面對就會讓人感覺到很有壓力，可是如果想成「這個可以當成題材」，便能以客觀的角度去看待事實。

其實只要仔細環視自己的周遭，就會發現笑話題材意外地俯拾即是。

在「ちぇぶら」，我們也有在挑戰參加帶有幽默感的比賽。例如之前我們將更年期的身體變化編成漫才，參加了M-1大賽（譯註：由吉本興業和朝日電視台主辦的日本漫才比賽）的預選賽，結果第一戰就落敗了。其他像是「心臟怦怦跳不是因為戀愛，而是心悸」、「那是什麼來著？說那個這個的次數變多了」等等，我們也會把平常那些令人感到沮喪的症狀、失敗經驗談寫成五、七、五川柳，發佈在Instagram上。

## 按壓穴道的身體保健法

穴道連在WHO（世界衛生組織）都受到正式認可，全身上下據說多達三百六十個以上。刺激穴道可望帶來調節「氣血水」、改善不適的效果。

氣血水的意思分別如下。

氣：身體的能量來源

血：血液等負責將營養運送至全身之物

水：將滋潤運送至全身的體液

東洋醫學認為，人體是透過氣血水相互影響來保持身心健康，而按壓穴道有助於維持身心平衡，並且改善心理和身體的各種不適。

那麼，以下就來介紹能夠舒緩青春期的經前不適及更年期不適的穴道。

每個穴道都請以覺得舒服的力道，按壓五秒×五次左右。

## 調節荷爾蒙平衡的穴道

- 三陰交：從內側腳踝往上四指，位於骨頭的邊緣。主要效果為改善下半身發冷水腫、經痛、更年期障礙等，是非常實用的穴道。
- 血海：位於膝蓋內側的骨頭往上三指處。假使腹部一帶發冷或血液循環不佳，那麼按壓時就會覺得痛。對於預防身體發冷、緩解更年期障礙有效。
- 陰陵泉：沿著膝蓋內側的骨頭來到膝下的位置。這個穴道可調節水分代謝、消除水腫。

我們的雙腿聚集了許多可以調節荷爾蒙平衡的穴道，堪稱是穴道的寶庫。單壓穴道雖然也很好，不過由下往上按摩更能有效改善血液和淋巴的流動，進而消除發冷

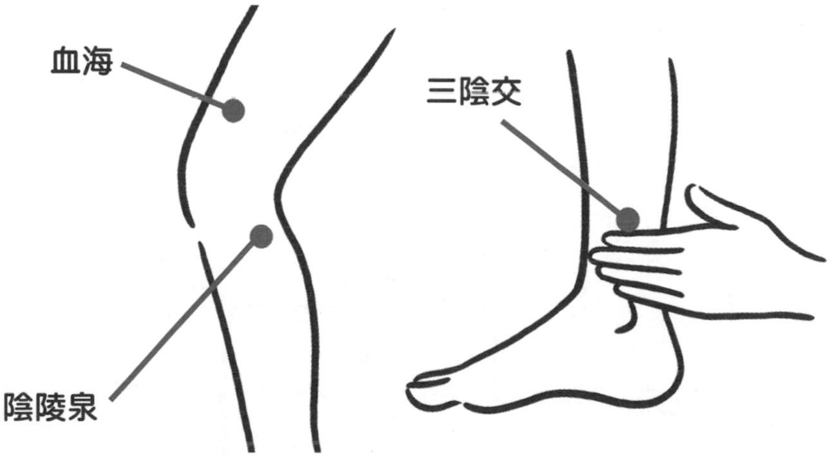

和水腫的狀況。建議可以將手握拳，用手指的第二指節以畫圓的方式，溫柔地刺激從腳踝到大腿根部的腿部內側。

## 提振精神的穴道

・氣海：位於肚臍下方兩指寬的位置。一如字面上的意思，這是生命活動的原動力「氣」匯集的穴道，按壓此處可調節全身的健康狀態，讓人變得充滿活力。

・關元：位於肚臍下方三至五公分處，被稱為是氣力匯集的「丹田」。建議在睡不著時，或是想要舒緩女性特有不適、年老所帶來的各種症狀時按壓。

腹部的穴道因為比較敏感，所以最好不要用手指單點按壓，而要將雙手重疊，以整個手掌輕柔地加壓。另外，建議平時可以利用肚圍或暖暖包等加熱該部位，以免著涼。

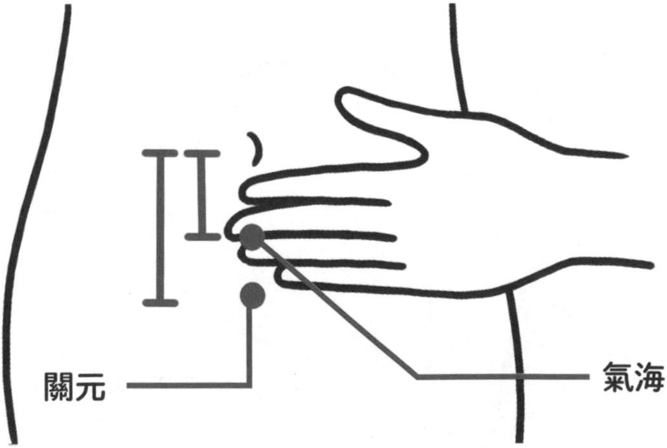

## 調節自律神經失調的穴道

・神門：位於小指側的手腕橫紋凹陷處。想讓心情放鬆時，或是想要順利轉換情緒時可以試著按壓看看。

・合谷：從自律神經到其他各種身體不適皆有效的「萬能穴道」。位於從手背的食指和大拇指的骨頭交會點，稍微偏向食指的凹陷處。按法是以另一隻手的大拇指指腹抵住穴道，剩下四根手指抵住手掌，將手夾住按壓。

・勞宮：位於手輕輕握拳時，食指和中指的前端之間。以另一隻手的大拇指按壓。有讓心情放鬆的效果喔。

・內關：從手腕的橫紋往下三根指幅。有讓自律神經恢復平衡的效果。請用另一隻手的大拇指輕柔地垂直按壓。

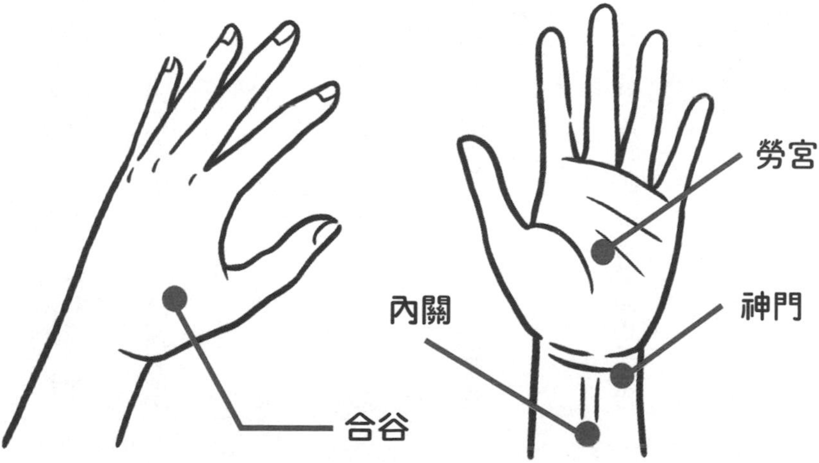

## 親子都需要的重要營養素及其理由

飲食最重要的就是營養均衡。其中，十多歲和四十多歲的人尤其需要攝取的營養素是鈣質、鐵質和蛋白質。

### 鈣質

**青春期** 此時正值鈣質蓄積量迎來高峰，骨質含量不斷增加的大好時機！只要在這個時候充分地「儲存鈣質」，就能減少長大之後受傷、骨折的風險。

**更年期** 性荷爾蒙低下之後最讓人擔心的，就是罹患骨頭變得脆弱的骨質疏鬆症。為預防骨質含量減少，必須同時在飲食和運動這兩方面下功夫。

富含鈣質的食物有牛奶、魚、堅果等。另外，會建議和有助鈣質吸收及骨骼再生的維生素D一起攝取。

維生素D除了可透過食用菇類、海鮮類等大量攝取，另外曬太陽也能夠讓身體合成維生素D。

## 鐵質

**青春期**

身體長大之後，血液的循環量會隨之增加，因此成長期的青少女有時會有造血元素鐵質不足的問題。再加上月經會定期出血，因此這時容易會有貧血的狀況發生。

**更年期**

隨著停經將近，有可能月經週期變得不規則且短暫、出血期間拉長，或是因子宮肌瘤等造成經血過多，而這樣的狀況持續久了就容易引起貧血。

富含鐵質的食材有豬肝、蛤蜊、羊栖菜、小松菜、納豆等。若是和富含維生素C的水果等一起食用，鐵質吸收率就會大幅提升！另一方面，咖啡、紅茶、綠茶等所含的單寧酸因為會抑制鐵質的吸收，所以用餐時建議飲用麥茶或是水。

## 蛋白質

**青春期**

肌肉量也會隨著身體的成長而增加。為避免打造身體的材料、能量不足，攝取充足的蛋白質非常重要。

**更年期**

消化吸收率會隨年齡增長而逐漸下降，因此若想要維持住肌肉，就必須攝取比年輕時更多的蛋白質。蛋白質攝取量一旦不足，不只是肌肉量會減少，皮膚和頭髮也容易出現問題，進而加快老化的速度，因此不可不慎！

富含蛋白質的食物有肉、魚、蛋、乳製品、納豆等豆類。根據日本人的飲食攝取標準（2020），以身體活動度中等為例，蛋白質的目標攝取量是十到十七歲68～115公克、三十至四十九歲67～103公克。英國牛津大學的辛普森博士所發表的蛋白質槓桿理論中提到，人會想要持續進食直到滿足一天所需的蛋白質量。想要瘦得健康又無負擔，祕訣就是要攝取足夠的蛋白質！

## 功用和女性荷爾蒙・雌激素類似的食品

有些食品具有和雌激素類似的功用。尤其在女性荷爾蒙低下的更年期過後，這類食品無疑是有助我們調節身體狀況的得力幫手。

### ◎大豆

大豆中所含的多酚，也就是大豆異黃酮對於更年期不適的效果備受矚目。不僅如此，腸道內有特定細菌能夠從攝取到的大豆中，製造出作用和雌激素類似的「雌馬酚」者，更可望藉由食用大豆發揮和性荷爾蒙雌激素類似的效果。

在日本，大約每兩人就有一人能夠自行製造出雌馬酚，不過無法製造的人也能利用營養補充品來補充。另外，大豆不僅蛋白質含量豐富，也含有膳食纖維、鈣質、維生素類等各種營養。各位不妨將豆腐和納豆等大豆加工食品、豆漿等巧妙結合，加入日常飲食中。

## ●亞麻仁油

亞麻仁油中所含的成分「木酚素」，其作用與雌激素類似，被認為具有緩和更年期症狀及預防骨質疏鬆症的效果。

其實像是芝麻、高麗菜、綠花椰等也都含有木酚素，不過亞麻仁油的含量卻是遙遙領先。每日標準攝取量為一小匙。亞麻仁油因為富含人體所無法製造的必需脂肪酸：Omega脂肪酸（n-3），所以成為備受矚目的健康油品。

亞麻仁油需要注意的一點是它非常不耐光和熱，容易氧化。不適合使用炸或炒等加熱調理方式，必須直接飲用，或是淋在沙拉、優格上食用。開封後要放在冰箱等陰涼處保存，並在一個月內使用完畢。

我也經常會在納豆裡面混入少許亞麻仁油來吃。不敢吃納豆的人，也可以將少量亞麻仁油淋在豆腐或沙拉上享用。只要稍微下點功夫，就能輕鬆吃得健康又美味！

## 調節「心靈」的方法

只要學會如何調節自己的身心，即便不特別思考，身體狀況也一樣會好轉。這麼一來，也就有餘裕去處理自己真正應該面對的問題。

比起讓身體狀況變好，調節身體真正的目的，是讓你以自己想要的方式生存下去！

接下來，我將提供一些能夠調節心靈、讓自己的人生更加豐富的點子和做法。

心情沮喪時，有以下三個方法可以讓自己振作起來。

### ◎出聲說句「算了，管它的」

人生在世，難免會遇上親子衝突、和朋友吵架，或者是在工作上犯錯。可是，為了那些無可奈何的事情悶頭苦惱，也只會有害心靈健康。有時，懂得轉換心情非常重要。這種時候，能夠讓心情頓時變輕鬆的魔法話語就是「算了，管它的」。

請試著出聲說出來，這樣就能轉換心情喔。

### ◎重新檢視生活習慣

情緒不佳、無法好好掌控自己的心……難道是我的性格扭曲了？在你開始這樣自我厭惡之前，請先重新檢視自己的基本生活習慣。其實，我們之所以會有那些問題，幾乎都是身體狀況不好所造成的。沐浴晨光、健走、睡眠、均衡飲食，不妨從這些開始做起。

## ◎擁抱自己

當我們感到難過、寂寞時，只要和家人、朋友、戀人等信任的對象擁抱或牽手，身體就會分泌出被稱為愛情荷爾蒙的催產素，讓人覺得安心、恢復精神。假使沒有人在身邊，請嘗試一邊說「沒事的、沒事的」一邊抱抱自己。這時雖然可能會忍不住落淚，卻能夠將我們從壓力中解放出來，心情自然也變得舒暢許多。

接著，是保護自己遠離壓力的方法。

## ◎養成發掘美好事物的習慣

早上起來看到外面在下雨，你會有什麼感覺？

「下雨啦！盆栽裡的花要變得生機勃勃了♪也可以把我喜歡的傘拿出來用了！」

「天啊！怎麼下雨了？我最討厭溼答答的……這樣我喜歡的傘會髒掉耶！」

你是哪一種呢？

每個人對於同一件事情的看法不盡相同。展現自我個性雖然是一件很棒的事情，不過一旦養成「慣性思維」，我們的行動甚至是人生也會隨之改變，因此必須特別小心。**尤其容易變得不穩定的青春期和更年期，更需要有意識地正面看待事物。**

假使能夠正面看待事物，那麼當展開新嘗試時就能「沒問題！我一定能辦到！」地鼓勵自己，即便失敗了也能以「這是很好的經驗」、「學了一課」的正面心態去看待，然後再次展開行動。

相反的，有負面思考傾向的人則會產生「一定辦不到的吧」、「好害怕失敗啊」的想法，進而對行動這件事情提不起勁。倘若失敗了，就會因為沮喪讓行動變得更加僵硬，然後又產生「我果然很沒用……」的想法讓自己更加低落、更加沒有行動的動力。

當然，在某些重要場面，負面情緒確實能幫助我們迴避危機，而且假如那天身體狀況不好，我們也有可能正面不起來。可是，一旦負面思考成了一種習慣，那可就麻煩了！

因此，為了擺脫大腦的負面迴圈，我有一個方法要推薦給大家。

那就是，**在睡前用三句話將今天一整天發生的好事說出來。**

就只有這樣。也可以親子間彼此分享喔。

「早餐很好吃。」

「今天到咖啡店，很幸運地坐到窗邊的位子。」「和朋友聊天很開心。」無論什麼內容都可以。

假使真的完全想不出來，就請試著說「今天也是美好的一天」。

大腦的習性是只要被賦予主題，就會想要去收集與其相關的資訊，因此只要養成發掘「美好事物」這個主題的習慣，即便是在日常生活當中，也會變得容易看見正面的訊息。不僅如此，假使連乍看負面的事物都能將其轉變成美好事物，那麼你一定能夠非常堅強地活下去。

「瀏海剪太短，心情好差。不想去上學」

↓

**「既然瀏海變短了，乾脆就來嘗試新風格吧！」**

「更年期啊，唉～～我身為女人的日子就快結束了」

↓

**「更年期！這是好好面對身心的大好機會呢！」**

不用說，後者的日子自然會過得比較愉快。

將危機化為轉機的想法，也是保護自己遠離壓力的方法。

## 將壓力和煩躁轉換成「打造健康」

每天洗不完的衣服、永遠整理不完的屋子、家長會的幹部會議頻率好高，還有人際關係、工作和經濟上的問題……

啊啊啊啊啊！造成壓力的原因多得不得了！

我們又不是菩薩，有時也會因為想要狂吃蛋糕、狂喝氣泡酒，或是不小心對小孩太囉嗦，之後又對那樣的自己感到厭惡……生活中難免偶爾會上演這種情況。

這時究竟該怎麼做才好——!?

其實最好的辦法，就是不要累積日常壓力，適時地將壓力發洩出來。

可是，粗暴的言語、行為和暴飲暴食只會讓煩躁擴大，所以千萬不可！

試著透過轉換思考，將壓力和煩躁轉換成正面的事情，消除光光吧。

也就是轉變成「對身心有益的事情」發洩出去。

比方說，當想要大吃特吃的時候，不要狂嗑便宜的洋芋片，而是到外面仔細品嘗一頓比平常好一點且營養的午餐。

想要怒吼的時候可以先做一次深呼吸，然後跟著音樂，盡情唱出自己最愛的歌曲。這樣既不會傷到人，氧氣也會遍佈全身讓肺活量增加。

即使火大到了極點，也絕對不可以打人或捶牆。這種時候不如打打空氣拳擊吧。半蹲後一邊發出「咻！咻！」的聲音，一邊對著空氣揮拳或踢腿。這樣不僅是很好的運動，而且拳頭也不會痛。要是不小心把牆壁打壞了，可是得花五萬日幣修理呢。

如果是慢性焦慮，那就創造自己獨處的時間吧。像是閱讀、泡澡、健走、觀賞喜劇等，試著做些自己喜歡的事情。

等到心有餘裕，便可以將那些焦慮對自己來說是否重要，以及自己能否改變這個狀況寫在紙上，整理自己的心靈。有時只有在寫下來之後，我們才會冷靜地發覺「奇怪？我根本不需要那麼心煩意亂嘛！」或是「我是不是獨自承擔太多了？」首先從身為大人的我們開始嘗試做些改變，才能帶給全家人幸福快樂喔。

第 5 章

# 從更年期開始改變人生！「change of life」

## 人生的方向盤由自己掌控

為了迎接更年期這個「change of life」人生轉機到來，從今天起，**請不要讓別人來決定你自己的人生。**

這一點適用於任何世代的女性。

「因為媽媽叫我去考，所以我就考了這所大學。」

「因為伴侶叫我這麼做，所以我就專心當家庭主婦。」

「因為朋友跟我推薦，所以我才使用這個牌子的化妝品。」

這類的想法No！No！No～～～！

讓別人替自己做決定是很輕鬆沒錯，卻也是非常膽小的行為！

如果是因為受到某人的啟發，於是自行做出選擇、採取行動就無所謂，可是一旦交給別人去做決定，之後若是發生什麼問題，你就會開始憎恨對方。

「求學不順利都是媽媽害的。」

「我沒能繼續工作都是伴侶害的。」

「最近皺紋變明顯，都是推薦我那個化妝品的朋友害的。」

交給別人去決定之後又滿口抱怨這種心態，會讓身旁的人和自己都覺得難受。

話雖如此，若是平時沒有自己有意識地做選擇的習慣，突然間就要自行做出重大「決定」，其實意外地困難

甚至產生「我的意見到底是什麼？」的疑惑也很正常。

這種時候，請嘗試以下兩種方法。

第一是整理自己的想法，然後表達出來。你可以將自己的想法寫在紙上、在部落格或SNS上抒發，或是鼓起勇氣跟別人說。

只要有能力將自己的意見表達出來，你就會慢慢發覺「我究竟想怎麼做？」，進而變得容易做出選擇。

第二個方法是，即便是小事也無妨，請有意識地做出選擇、決定。

例如，當你和朋友聊到「午餐要吃什麼？」時，請不要回答「都可以啊～你要吃什麼？」，而是「我們今天去車站前那家新開的店吧！」像這樣自己提議。

自己的人生方向盤要由自己掌控，不要交給別人。

自己的幸福由自己決定！

因為你才是你人生的主角！

## 孩子離家獨立與我的人生

「雖然早就知道這一天遲早會來，可淚水還是流個不停。」
母親這個身分是有期限的。
和孩子在同個屋簷下，理所當然似地一起生活的時光。過程中儘管有辛酸，然而回首過往，每一刻卻都如此甜美……。

孩子總有一天會離家獨立。
腦袋明明很清楚這是一件值得開心的事情，可是卻感覺心彷彿破了個大洞。
嗚嗚！好寂寞！

「母親的職責結束後，我該為了什麼而活呢？」
畢竟在一起生活了十幾年，會這麼想也是難免的。
可是，人生需要切換。
你就先盡情大哭一場、安慰自己，好好睡一覺後再邁向下一個階段吧。

將過去花在孩子身上的時間，這一次試著用在自己身上如何？

無論是自己喜歡的事情、想做的事情，或是找新工作都可以。

話雖如此，那些以往很少把時間花在自己身上、沒有時間審視自己內心的人，即便突然要你「把時間用在自己身上」，恐怕也不曉得自己到底該做什麼才好。

這種時候，請先對自己進行一次大盤點。

我正在做什麼？把時間花在什麼事情上？想做什麼？想過什麼樣的生活？請將你所能想到的都寫在紙上。

「想做什麼？」、「想過什麼樣的生活？」這個問題，會有自覺地成為以自己為主詞的「生存意義」，只要逐漸拓展自己生活的世界，你的人生一定會變得非常充實豐富。

## 克服中年危機的方法

「什麼叫做自己？」

「我要就這麼過完只有一次的人生嗎？」

青春期時，曾經為了自己是誰這個問題自問自答的我們長大成人了。然而即便到了更年期，依然有許多人再次為了相同的問題而糾結。

沒錯！這就是**被稱為第二青春期的「中年危機」**。

心理學家榮格認為，這個時期會直接面對自己以往看不見的問題和欲求，是很正常的事情。

絕對沒有「都一把年紀了還這麼迷惘，真丟臉」這種事。

因為在駐足質疑「我要就這麼過完自己的人生嗎？」的背後，隱藏著「我想要好好珍惜自己只有一次、無可取代的人生」之念頭。

人生難得走一回，何不試著將中年危機轉變成更積極參與自己人生的好機會？

「你能夠成為任何人！你的未來擁有無限可能！」

你是否有這麼告訴孩子呢？同樣的，身為父母的我們未來也一樣擁有無限的可能性，我們也能夠成為任何人。

怎麼可能有那種事！你是不是有這種想法？

請試著想一想，在現在這個人生百年的時代，我們的一生跟從前相比要長了二十年甚至是三十年那麼久。

「可是我已經老了……」你是否有用這樣的偏見，替自己的人生築起高牆呢？

若真如此，那就太可惜了。

現在才開始想做什麼一點都不遲。

另一方面，和孩子不同的是，我們擁有過去所培養出來的知識和經驗。這既是我們的強項，同時也是弱點。

對自己過往的經驗和成功體驗抱有自信是件很好的事情，可是那份自豪有沒有反而拖住你的雙腿，讓你裹足不前？強烈的自豪感不僅會讓人錯失新的挑戰機會，而且懷抱那種自豪感的大人通常很難相處，因此會成為他人敬而遠之的對象。

然而相反的，我們有時也會「我已經不年輕、不漂亮，沒有最新知識和技能，也已經沒有體力，我真沒用——！」像這樣對自己缺乏信心。

「我這個大嬸做不到啦～～」

「真羨慕年輕人！哪像我……」

請各位即便心裡這麼想，也不要特地說出來。

因為說的人自己會最先聽到這些話，所以千萬不要對自己下這種負面的詛咒。

「其實我也挺努力的呀。」

「畢竟我都順利活到現在了。」

請記得用這種正面的話語來肯定自己。

假使你真的對自己沒信心，覺得「可是我真的沒有這些東西……」，那就從今天起創造出來吧。

無論是青春期還是更年期，人在每個人生階段都會有人生的煩惱。就連那些乍看過得光鮮亮麗、無憂無慮的人們，也就是俗稱的成功人士，他們也有著沒說出口、藏在心中的各式各樣傷痛及煩惱。

想要在新的舞台獲得幸福，要訣就是不過度自信、也不過度自卑，做你原本的樣子。與其在乎別人怎麼想，不如想想自己希望怎麼做。

## 獲得持續探究「生存意義」的力量！

你的生存意義是什麼？

關於生存意義這個詞，字典上的解釋是「例如人生的意義、價值等，激勵人活著、讓那個人活下去的理由」。依我個人的解釋，所謂生存意義就是「讓自己幸福的力量」。只要獲得持續探究生存意義的力量，就能深入地享受人生。

另外，日本母性衛生學會的調查研究結果顯示「擁有生存意義女性的更年期症狀比較輕微」，而且美國西奈山伊坎醫學院也發表了「擁有生存意義的人，罹患心血管疾病的機率較低，健康壽命較長」的研究報告。（參考：一般社團法人日本生活習慣病預防學會 https://seikatsusyukanbyo.com/calendar/2016/008994.php）

## 維持身心健康、擁有豐富人生的祕訣就在於「生存意義」！

這裡希望各位注意的是，不要像「這就是我的生存意義！」這樣，被一樣東西困住或是過度依賴。否則若是將孩子的成長當成自己的生存意義，那麼當孩子離家獨立之後，你就會頓時失去生存意義了。

可以成為生存意義的東西有很多。

與誰許下的約定、恩師的教誨、受到強烈衝擊的經驗等過去發生的事情。與誰之間的情誼、現在從事的工作、在社會上的角色等現在的狀況。自己的夢想、孩子或孫子的成長、理想中的社會等，這類關於未來的想像。

其實，我現在已經擁有自己的生存意義了。而且「有自覺地」意識到這一點，讓我看世界的角度、色彩、人生的感受都有了變化。

針對這個生存意義，我準備了四個將其具體「可視化」的問題。

拋開別人的評價和標準，請試著以你自己為主詞思考看看。即便一再出現相同的關鍵字也OK！將答案寫在生存意義規劃表上吧。

## Q1 你喜歡什麼？

首先必須滿足的一點是，這是你的「喜好」。你有沒有從小就喜歡的事情，甚至偶爾會沉迷到忘了時間？假使不考慮金錢問題，你會想要做什麼？

去旅行、接觸異國文化、看電影或舞台劇、跳舞、唱歌、欣賞搞笑段子！諸如此類。你覺得如何？想到喜歡的事情很開心對吧？「喜好」換言之就是你的價值觀。什麼樣的事情會讓你感受到自己的價值觀呢？

## Q2 你擅長什麼？

擅長的事情就等於是你的才能。才能這個詞，是否讓你覺得好像很特別？但其實你所擁有的才能，多到超乎你的想像。

你有持續超過三年的嗜好嗎？之前學過的東西、證照、克服過的自卑感，或是很少有人在做的事情？擅長折衣服、擅長聆聽他人說話、有皮拉提斯的證照、擁有讓圓鼻子變得堅挺的化妝技巧！諸如此類。即使答案和剛才一樣也沒關係！

## Q3 你會受人感謝的事情是什麼？

你做什麼事情時別人向你道謝呢？在這裡，請先把「我才沒有那種東西……」的謙虛心態擺一旁，試著寫出你人生至今做什麼事情會讓人覺得開心，或是賺到錢。比方說下廚的時候、聽朋友傾訴心事的時候，教人使用電腦或運動等等的時候，或是介紹別人認識後受到對方感謝！諸如此類。

假使你因為太謙虛，自己一樣都想不出來，那麼也可以去問問家人或朋友。另外，也請好好思考你今後希望別人為了什麼事情向你道謝。

人雖然光是活著就值得慶幸了，不過「自己感覺到自己」有派上某種用場，會讓心靈的幸福指數更高。這也難怪有許多研究結果都顯示在志工活動中，服務他人的那一方會比被服務的人感覺更幸福。

「受人感謝的事情」如果不只是此時此刻，而是為了十年後、二十年後的地球、環境等理想的未來著想，也是非常了不起呢。

## Q4 你在離開人世之前想做的事情是什麼？

想要保持心靈的彈性，就要擁有「想嘗試看看」的欲望。什麼都好，請將自己想做的事情全部寫下來。像是想在異國生活、想重新學跳舞、對父母表達感謝之意、看遍全世界的美景等等。

既然是自己真正想做的事情，那就不要說「改天」，現在馬上就去做吧。因為現在永遠都是我們最年輕的時候。據說不挑戰帶給我們的懊悔感，比起挑戰失敗的經驗還要多出一倍。

另外，寫出想做的事情並一一實現會成為我們的成功體驗，進而引發我們迎接新挑戰的欲望。

## 從生存意義思考生涯職業

我們來檢視寫在「生存意義規劃表」上的關鍵字吧。

就像「我不僅喜歡，也擅長這件事」一樣，是否有關鍵字重複出現在好幾個主題中呢？

只要重新回顧日常、環視自己的周遭，一定會發現你的人生充滿了生存意義。

喜歡且擅長的事情能夠懷抱熱情投身其中；擅長又想做的事情若是做了，內心一定會感到非常滿足。想做的事情如果會受人感謝，就能帶著充實感繼續做下去；至於喜歡又會受人感謝的事情，則或許可以稱之為自己的使命。

也或許會有關鍵字重複出現在所有主題中。

表中的這些關鍵字，你都可以抬頭挺胸，將其稱作是你的「生存意義」。

「生存意義規劃表」可以活用在各個方面。而在ちぇぶら的講座上最常做的，就是用來打造充實的「生涯職業」。

方法非常簡單，就是找到自己喜歡且擅長，又會受人感謝的事情。假使現在沒有喜歡或擅長的事情，那就學習新的技能去提升自己。只要好好地思考怎麼做會更加受人感謝、讓

## 生存意義規劃表

| | |
|---|---|
| 喜歡 | 感謝 |
| 擅長 | 想做的事情 |

生存意義

### 書寫範例

| | |
|---|---|
| 芭蕾、電影、音樂、<br>去咖啡店、蛋糕、<br>上網、讓人們產生連結、<br>與人交談 | 下廚、做蛋糕、<br>讓人們產生連結、<br>電腦、迅速折好衣服、<br>省時做家事！ |
| 下廚、做蛋糕、<br>讓人們產生連結、<br>提供地方資訊、<br>用環保袋購物、<br>尋找賞花景點 | 開發當地的美味餐廳、<br>吃遍北海道的拉麵、<br>學鋼琴和芭蕾、<br>跑全馬 |

生存意義

人開心，或是被社會所需要，那件事情就能成為工作。

然後，只要從事能夠活用那些嗜好或專長的職業，又或者假如世上還沒有那樣的工作，你可以自己創造出新的職業，如此一來就能幫助到許多人，你也能過著充實的每一天！

## 獲得讓自己幸福的力量

「我會讓你幸福的，嫁給我吧！」

伴侶在求婚時也許曾經這麼對你說，但其實能讓你幸福的只有你自己，所以還是趁早醒醒吧。

尤其對成熟女性而言，帶給自己幸福的能力非常重要。

不只是孩子離家獨立，如果考慮到男女的平均壽命差異，許多女性總有一天都會面臨到必須獨自生活的情況。假使將自己的幸福交到其他人手中，那麼當對方不在時就傷腦筋了。

雖然獨自生活並不等於孤獨，不需要過度擔心，但是只要擁有「我要讓自己幸福」的意識，在工作之餘參加自己感興趣的社團、志工團體，或是主動寄信、電子郵件給氣味相投的朋友，從現在起慢慢地去和人及社會產生連結，寬廣的視野就會引發下一個行動。

自己帶給自己幸福的「生存意義力量」，會主動改變我們的想法和行動。

我在做什麼事情時會感到幸福？要怎麼做才能讓往後的人生過得更加幸福？思考這些問題然後採取行動，是一件積極正面又充滿樂趣的事情。

然後，我最想透過本書傳達的一點就是，唯有當自己幸福了，才有帶給他人幸福的能力。

為了讓孩子幸福，自己卻拚命忍耐，這樣真的好嗎？

我不這麼認為。

我在青春期時一直很希望母親能夠幸福。因為只要見到她心情愉快、滿面笑容，我就會感覺到加倍的幸福。

反過來說不也是如此？假如為了讓自己幸福，而使得孩子變得不幸……我想那樣應該終究無法由衷感受到幸福才對。家人、朋友、職場同事也是一樣。如果想帶給周遭人們幸福，那麼首先就要「下定決心讓自己幸福」。

只有當自己被滿足、心有餘力之後，才能夠去幫助有困難的人、去體貼他人。

也就是說，身旁的人也會和你一起變得幸福。

我們雖然無法改變過去和他人，但是可以改變自己和未來。
不如就先從滿足自己開始做起吧！

# 後記

你在遇到困難時會開口求助嗎？

人們常說，育兒的最終目標是「讓孩子可以自立，能夠不依靠父母生活」。「自立」這個詞常讓人以為是「不依靠任何人，能夠獨自生存的狀態」，但事實上會不會正好相反呢？

所謂自立，是在遇到困難時不會獨自承擔，而會懂得向許多人開口求助。換句話說，就是一種「有許多人可以依靠」的狀態。

讀書、工作、金錢、五體滿足及健康的身體，這些被視為是活在世上非常重要的東西，但是說到底，即便沒有那些，只要有很多可以依靠的對象或提供自己幫助的人，人還是可以活得「豐富」。

這一點，無論是青春期、更年期，還是更之後的老年期皆是如此。

我在青春期時，曾經短暫體驗過沒有父母、金錢和住處的狀態。照常理來思考，那樣的處境算得上是令人絕望，可是多虧受到朋友、地方居民、路上偶遇的人們幫助，我才能平安地活到現在。

當遇到困難時，請積極地依靠他人，不要獨自一人承擔問題。被依靠的對象會意外地開心，而且為了打造出互助關係，平時就必須好好善待身邊的人，所以雙方的相處氣氛會一片祥和。

相反的，假使可以依靠的對象少到僅有一、兩個的話，就要特別注意了。為了避免因害怕失去那幾個對象而導致視野變得狹隘，然後愈來愈深陷依賴的迴圈，請踏出家門去尋找更多可以依靠的對象，朝著「自立」邁出一步。對所有人來說，這麼做都能夠幫助我們在現今這個長壽的時代活得豐盛又富足。

在本書的最後，我要向從「ちぇぶら」展開更年期支援活動後不久，便時常來教室造訪的句報社今井小姐、總是給予我支持的「ちぇぶら」的同伴、家人、許許多多的人們，以及和我一起體驗無可取代的青春期與更年期的母親，致上由衷的感謝。

但願本書能夠讓更多人的青春期、更年期及整個人生，成為美好的change of life。

永田京子

二〇二二年八月

YouTube

我有在Youtubeちぇぶら頻道發佈讓身心愉悅的方法

HP

請大家也一定要來ちぇぶら的官網玩喔！

永田京子
Nagata Kyoko

NPO法人ちぇぶら代表理事、更年期全方位照護講師

曾學習經絡整復、反射療法、皮拉提斯等，有八年支援產後母子的經驗。根據支援照護期間聽見的四十多歲女性們的心聲，以及更年期的母親和青春期的自己發生過劇烈衝突的經驗，成立以支援更年期婦女健康為目的的「ちぇぶら」。在超過一千名女性及醫師的協助調查下，研究、開發、普及「更年期對策法」。不只是在日本全國的企業、公家機關、醫療機構，甚至也在海外進行演講，國內外共有三萬五千人參與過講座。另外，也透過YouTube「ちぇぶら頻道」和漫才等幽默有趣又淺顯易懂的方式，向大眾傳授更年期的照護方法。著有《女40代の体にミラクルが起こる!ちぇぶら體操》（三笠書房）、《はじめまして更年期♡》（青春出版社）等。「ちぇぶら」是更年期的英文「the change of life」之意。

國家圖書館出版品預行編目(CIP)資料

美好青春期×愉悅更年期：認識女性荷爾蒙的變化與機轉，掌握身心平衡的關鍵！／永田京子著；曹茹蘋譯. -- 初版. -- 臺北市：臺灣東販股份有限公司, 2023.03
168面：14.7×21公分

ISBN 978-626-329-683-1（平裝）

1.CST：激素 2.CST：婦女健康

399.54 112000541



# 美好青春期×愉悅更年期

## 認識女性荷爾蒙的變化與機轉，掌握身心平衡的關鍵！

2023年3月15日初版第一刷發行

著　　者　永田京子
插　　圖　藤本たみこ
譯　　者　曹茹蘋
編　　輯　魏紫庭
封面設計　水青子
校　　對　黃琮軒
發 行 人　若森稔雄
發 行 所　台灣東販股份有限公司
＜地址＞台北市南京東路4段130號2F-1
＜電話＞(02)2577-8878
＜傳真＞(02)2577-8896
＜網址＞http://www.tohan.com.tw
郵撥帳號　1405049-4
法律顧問　蕭雄淋律師
總 經 銷　聯合發行股份有限公司
＜電話＞(02)2917-8022